MATERIAIS DE CONSTRUÇÃO

Blucher

David Grubba

MATERIAIS DE CONSTRUÇÃO

Para gostar e aprender

3ª edição

Materiais de construção: para gostar e aprender, 3ª edição

Editora Edgard Blücher Ltda.

Publisher Edgard Blücher
Editor Eduardo Blücher
Coordenação editorial Jonatas Eliakim
Produção editorial Luana Negraes
Preparação de texto Karen Daikuzono
Diagramação Roberta Pereira de Paula
Revisão de texto Maurício Katayama
Capa Leandro Cunha
Imagem da capa iStockphoto

Blucher

Rua Pedroso Alvarenga, 1245, 4º andar
04531-934 – São Paulo – SP – Brasil
Tel.: 55 11 3078-5366
contato@blucher.com.br
www.blucher.com.br

Segundo o Novo Acordo Ortográfico, conforme 6. ed. do *Vocabulário Ortográfico da Língua Portuguesa*, Academia Brasileira de Letras, julho de 2021.

Dados Internacionais de Catalogação na Publicação (CIP)
Angélica Ilacqua CRB-8/7057

Grubba, David
Materiais de construção : para gostar e aprender / David Grubba. – 3. ed. – São Paulo : Blucher, 2023.
310 p. : il.

Bibliografia
ISBN 978-65-5506-794-1

1. Materiais de construção 2. Construção civil 3. Engenharia de materiais I. Título.

23-0503 CDD 691

Índice para catálogo sistemático:
1. Materiais de construção

Ao Senhor Jesus e à minha amada e doce mãe,
Maria Lygia Rodrigues Pereira (in memoriam)

CONTEÚDO

CAPÍTULO 1
Introdução

Figura 1.1 – Segundo a Sociedade Americana de Engenheiros Civis, a Golden Gate Bridge é considerada uma das Sete Maravilhas do Mundo Moderno.

Fonte: Canstock

Você sabe dizer o que casas, prédios, ferrovias, pontes, viadutos, barragens, aeroportos, metrôs e portos têm em comum?

Figura 1.2 – Independentemente do tipo de obra, os materiais de construção empregados são praticamente os mesmos (cimento, areia, brita, concreto, aço etc.). (Ver alguns exemplos nas próximas figuras.)

Fonte: Canstock

Figura 1.3 – Burj Khalifa, em Dubai. Ao longo de seus 163 andares (828 m), o Burj Khalifa consumiu 330 mil m^3 de concreto, 55 mil toneladas de aço e 28 mil painéis de vidro.

Fonte: Canstock

Figura 1.4 – Itaipu Binacional. Em um único dia, no pico da obra, foram lançados cerca de 7 mil m^3 de concreto, o equivalente ao volume de 900 caminhões-betoneira. O total de concreto consumido superou 12 milhões de m^3.

Fonte: Pixabay

Figura 1.5 – Ferrovia Norte-Sul. As obras da Ferrovia Norte-Sul consumiram mais de 2,5 milhões de dormentes de concreto, 170 mil toneladas de aço para os trilhos e 3,5 milhões de m^3 de brita para o lastro.

Figura 1.6 – O estudo de materiais de construção deve ser uma constante na sua vida profissional.

Fonte: Canstock

Novidades desta edição: vídeos, exercícios e novos capítulos.

Para projetar e construir grandes ou pequenas obras, é necessário que você conheça o comportamento dos materiais de construção. Com isso, você poderá escolher o melhor material para cada caso. Para tanto, espero contribuir com o seu aprendizado.

Este livro é uma introdução ao estudo de materiais de construção, portanto não temos a intenção de esgotar um assunto tão amplo. O propósito maior é apresentar os materiais de uma forma descomplicada, didática e prática para despertar o seu interessante em aprender cada vez mais sobre o tema.

Ao longo deste livro, vamos conversar sobre vários materiais, como agregados, cimentos, concretos, argamassas, metais, materiais betuminosos, vidros, aglomerantes e madeiras.

Para deixar o estudo mais interessante, você poderá assistir a **videoaulas** sobre a maioria dos assuntos (os links estão no final de cada capítulo). Qualquer dúvida, você poderá escrever nos **comentários** dos vídeos. Assim, poderei respondê-las ao longo do tempo.

Bons estudos!

CAPÍTULO 2

Conceitos básicos

Figura 2.1 – Você já parou para pensar o porquê de usarmos tantos materiais diferentes nas obras?

Fonte: Canstock

A grande variedade de materiais empregados ocorre porque cada tipo de material apresenta um conjunto diferente de **propriedades**. Apenas para citar alguns exemplos, o aço é resistente à tração, o alumínio é leve, o vidro é transparente e frágil, o concreto é resistente à compressão. Neste capítulo, comentaremos a respeito de várias propriedades dos materiais.

Figura 2.2 – Diversas propriedades dos materiais.

As propriedades dos materiais são semelhantes aos traços de personalidade.

2.1 INTRODUÇÃO

De maneira figurativa, podemos falar que as propriedades dos materiais são parecidas com os traços de "personalidade". Semelhante às pessoas, alguns materiais são mais resistentes (suportam maiores tensões), enquanto outros são mais frágeis ou flexíveis.

As propriedades podem ser agrupadas em diversas classes, como propriedades atômicas, químicas, elétricas, térmicas, magnéticas, mecânicas e tecnológicas.

Neste capítulo, abordaremos de modo breve algumas dessas propriedades, dando maior destaque às propriedades mecânicas, ou seja, aquelas que definem o comportamento do material quando submetido a tensões e deformações.

Figura 2.3 – A corda está sofrendo uma tensão de tração.

Fonte: Canstock

2.2 RESISTÊNCIA

A resistência mecânica de um material tem a ver com a sua capacidade de suportar tensões sem se romper.

Nós chamamos de **tensão** (σ) a divisão da força pela área de contato.

$$\sigma = \frac{\text{Força}}{\text{Área}}$$

Cada material apresenta um limite de tensão que consegue suportar. Quando a tensão aplicada supera a resistência, o material tende a se romper. Diante disso, podemos falar que o valor da resistência mecânica é numericamente igual à tensão máxima que o material suporta antes da ruptura.

Figura 2.4 – Quando a tensão aplicada supera a resistência do material, ele tende a se romper.

Fonte: Canstock

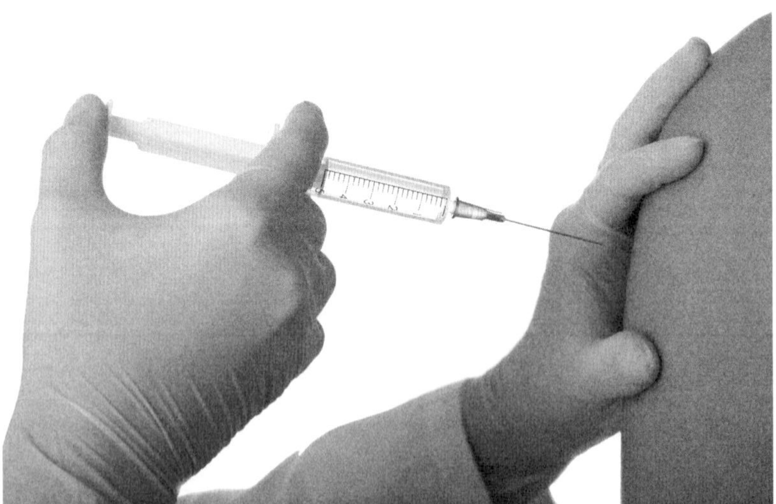

Figura 2.5 – Como a área de contato da agulha é muito pequena, qualquer força causa uma grande tensão.

Fonte: Canstock

$$\text{Tensão} = \frac{\text{Força}}{\text{Área}}$$

Vemos que quanto menor a área de contato, maior será a tensão gerada. Ver o exemplo da injeção.

Para ficar mais fácil entender o conceito de tensão, imagine se a agulha da injeção possuísse o diâmetro de um dedo. O profissional de enfermagem não conseguiria furar a sua pele com facilidade. Mesmo se aplicasse uma grande força, a tensão não seria tão alta. No caso real, como a ponta da agulha tem uma área bem pequena, qualquer mínima força causa uma grande tensão, suficiente para perfurar a pele.

Como os "mágicos" não se machucam ao se deitarem em camas cheias de pregos pontiagudos?

Não é mágica, é apenas física. Quanto mais pregos existem na cama, menos dor sente o indivíduo, pois a área de contato aumenta e, consequentemente, a tensão sob a pele diminui.

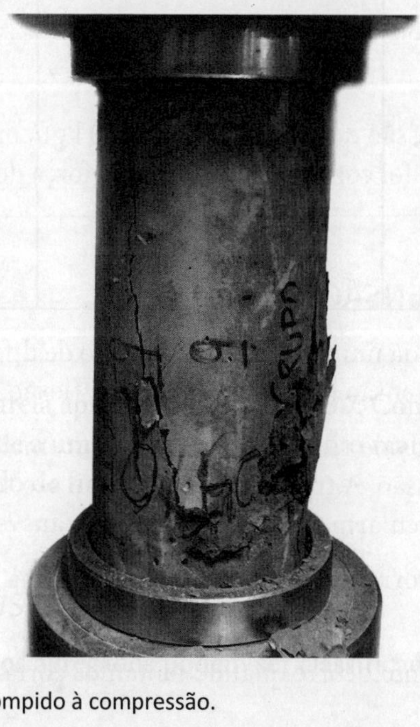

Figura 2.6 – Corpo de prova rompido à compressão.

Unidades:

1 Pa = 1 N/m^2

1 MPa = 10^6 Pa

1 MPa = 10 kgf/cm^2

2.2.1 UNIDADES

O Pascal (Pa) é a unidade de tensão do Sistema Internacional de Unidades. Um Mega-Pascal (MPa) é igual a 1 milhão de Pa. Outra unidade de tensão é o kgf/cm^2.

2.2.2 ENSAIO

Para determinar a resistência mecânica de um determinado material, geralmente realizamos ensaios em corpos de prova.

Exemplo: Um corpo de prova de concreto de área transversal igual a 78,5 cm^2 rompeu com uma carga de 19.625 kgf. Qual é a resistência (tensão de ruptura)?

$$\sigma = \frac{\text{Força}}{\text{Área}} = \frac{19625}{78,5} = 250$$

A resistência à compressão do concreto foi de 250 kgf/cm^2 (25 MPa). Assim, ele se rompeu quando cada cm^2 foi comprimido com uma força de 250 kgf.

2.2.3 TIPOS DE TENSÃO

Uma força pode ser aplicada num determinado objeto de diferentes maneiras, acarretando diferentes tipos de tensão (tração, compressão, flexão, cisalhamento e torção).

Nós já vimos dois tipos de tensão: a corda sendo rompida à tração e o concreto sendo rompido à compressão. A tração e a compressão são tensões chamadas de normais, pois agem perpendicularmente à área da seção transversal da peça.

A tensão de torção ocorre quando tentamos girar uma seção da peça sobre seu eixo.

A tensão de cisalhamento ocorre quando tentamos cortar um material. É um tipo de tensão tangencial.

A tensão de flexão ocorre, por exemplo, quando curvamos uma régua de plástico.

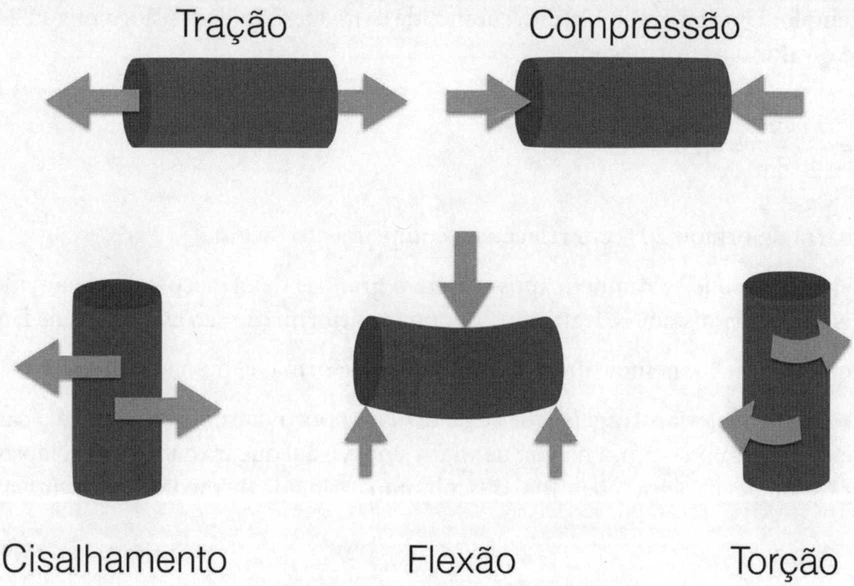

Figura 2.7 – Exemplo de tipos de tensão.

2.3 DEFORMAÇÃO

Quando aplicamos uma tensão em um determinado material, ele tende a se deformar. A forma da deformação varia conforme o tipo de tensão. Por exemplo, a tração causa um alongamento, enquanto a compressão provoca um encurtamento.

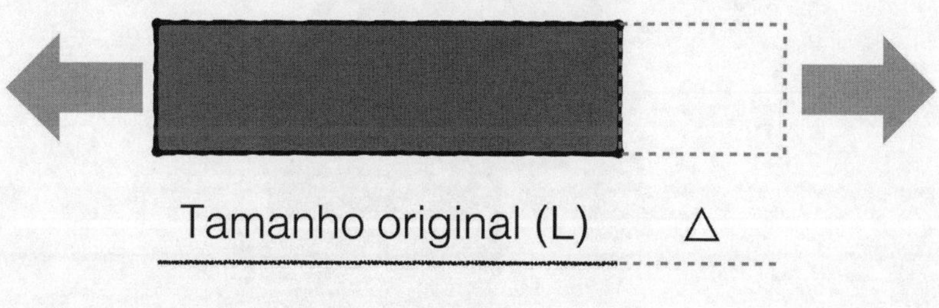

Figura 2.8 – Tensões causam deformações.

A relação entre a mudança de tamanho (**Δ**) e o tamanho original (L) é chamada de deformação. A deformação é adimensional, visto que dividimos duas unidades iguais.

$$\varepsilon = \frac{\Delta}{L}$$

Exemplo: Uma barra de 120 cm, submetida a uma tensão de tração, alongou 24 cm. Qual é o valor da deformação?

$$\varepsilon = \frac{24\ \text{cm}}{120\ \text{cm}} = 0{,}20$$

A barra deformou 20% em relação ao comprimento original.

Os materiais que se rompem após sofrerem grandes deformações são chamados de **dúcteis**. Os materiais que se fraturam com pouca deformação são chamados de **frágeis**.

O que você acha melhor: um material pouco deformável ou que se deforma?

No caso de materiais **frágeis**, que se deformam pouco na ruptura, como é o caso do concreto simples, a estrutura não dá nenhum sinal visual que irá entrar em colapso. Sua ruptura se dá de maneira repentina, dificultando a tomada de medidas preventivas.

Figura 2.9 – O uso de concreto armado apresenta uma ruptura menos frágil em função do emprego do aço.

Fonte: Canstock

No caso de materiais **dúcteis**, como os metais, a ruptura é precedida de uma grande deformação, o que invoca a sensação de perigo iminente, permitindo que sejam tomadas as atitudes necessárias.

2.3.1 ELASTICIDADE E PLASTICIDADE

Quando é aplicada uma força num material, ele se deforma. Mas o que ocorre quando a força é retirada?

Elasticidade é a capacidade de o material recuperar o tamanho original após a retirada da força.

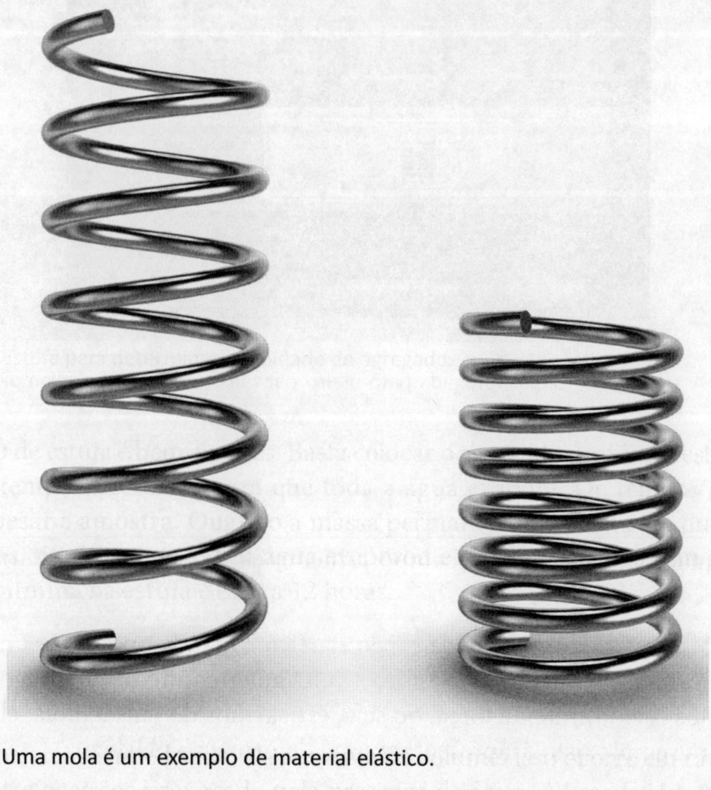

Figura 2.10 – Uma mola é um exemplo de material elástico.

Fonte: Canstock

Plasticidade, ao contrário da elasticidade, é a propriedade de o material manter o seu estado deformado, mesmo depois de cessada a força.

Figura 2.11 – A argila ("barro") empregada pelo oleiro para fazer vasos é um exemplo de material plástico.

Fonte: Canstock

Alguns materiais apresentam comportamento elástico, enquanto outros agem de forma plástica.

A mola é um exemplo clássico de corpo elástico. Quando aplicamos uma força, ela se deforma; e, quando retiramos o esforço, volta ao tamanho original. No entanto, se ultrapassamos certo limite de força, ou seja, esticarmos demais a mola, ela ficará deformada para sempre, isto é, apresentará uma deformação plástica.

Os materiais empregados em estruturas são dimensionados para permanecerem no estado elástico.

A fabricação de um vaso de argila ("barro") pelo oleiro é um exemplo clássico de plasticidade. Como o barro está úmido, pode ser deformado, ou seja, moldado na forma desejada. Quando cessa a força, o formato do vaso permanece.

Outro bom exemplo de material plástico é o concreto. Por exemplo, ao pisarmos sobre uma superfície de concreto fresco, notamos que os nossos pés deformam a mistura, e as nossas pegadas permanecem moldadas no concreto endurecido.

2.4 PROPRIEDADES TÉRMICAS

As propriedades térmicas determinam o comportamento dos materiais quando submetidos a variações de temperaturas. A seguir, vamos rever alguns conceitos simples.

2.4.1 PONTO DE FUSÃO

O ponto de fusão se refere à temperatura em que um determinado material passa do estado sólido para o estado líquido.

Quando tratamos de metais, a determinação do ponto de fusão é de extrema importância. O alumínio, por exemplo, é fundido a aproximadamente 660 °C, enquanto o ferro necessita de uma temperatura muito maior, cerca de 1.500 °C.

Figura 2.12 – Metal fundido.

Fonte: Canstock

2.4.2 DILATAÇÃO TÉRMICA

A dilatação térmica é a propriedade de os materiais alterarem suas dimensões quando submetidos a variações de temperatura. Em função dessa propriedade, as estruturas devem apresentar juntas, isto é, pequenos espaços que permitam a dilatação nos dias de calor, sem causar esforços de tração nas áreas adjacentes. No caso de calçadas, pisos e revestimentos cerâmicos é muito importante prever juntas de dilatação para evitar o surgimento de trincas.

Outro exemplo interessante acontece com as ferrovias. Como os trilhos são feitos de aço, a dilatação é extremamente alta. Assim, é necessário tomar vários cuidados durante a instalação para evitar problemas como encurvamento dos trilhos e até acidentes. As ferrovias mais antigas utilizam trilhos curtos com juntas. Contudo, isso limitava a velocidade dos trens, além de gerar um barulho excessivo. Atualmente, as ferrovias modernas utilizam trilhos longos soldados, sem juntas. Para que esses trilhos não entortem, eles precisam ser instalados em uma temperatura cuidadosamente escolhida e devem prever elementos de fixação que suportem as forças causadas pela variação de temperatura. A foto a seguir mostra o preparo para soldagem dos trilhos.

Figura 2.13 – Preparo para soldagem dos trilhos longos.

2.4.3 CONDUTIVIDADE TÉRMICA

Alguns materiais são bons condutores de calor, como os metais, já outros são péssimos (isolantes), como a borracha e o isopor.

2.5 MASSA ESPECÍFICA

A massa específica é uma propriedade física muito importante. Ela mede o quão denso é um determinado material.

A massa específica é a relação entre a massa do material e o volume que ele ocupa.

$$\gamma = \frac{\text{Massa}}{\text{Volume}}$$

A massa pode ser medida por meio de uma balança. O volume de um objeto regular (prisma, cubo etc.) pode ser calculado. Já o volume de um objeto irregular é mais difícil de mensurar. Um método é colocar o corpo dentro de um recipiente com água e verificar a variação de volume (volume de fluido deslocado).

A massa específica é expressa, geralmente, nas unidades: g/cm^3, kg/dm^3 ou $ton./m^3$. Essas unidades são numericamente equivalentes, ou seja: $1\ g/cm^3 = 1\ kg/dm^3 = 1\ ton./m^3$.

Figura 2.14 – O volume da pedra é igual ao volume do líquido deslocado.

Exemplo: Uma amostra de areia de massa igual a 500 g foi colocada num recipiente com 200 cm^3 de água. O volume da mistura de água com areia alcançou o valor de 390 cm^3. Qual é a massa específica da areia?

$$\gamma = \frac{\text{Massa}}{\text{Volume}} = \frac{500}{390} - 200 = 2{,}63$$

Assim, a massa específica é igual a 2,63 g/cm^3.

A título de ordem de grandeza, a próxima tabela mostra as massas específicas aproximadas de alguns materiais em condições normais de temperatura e pressão.

Tabela 2.1 – Exemplos de massas específicas (g/cm³)

Material	Massa específica (g/cm³)
Água	1
Cimento Portland	3,1
Concreto convencional	2,2 a 2,4
Aço	7,8
Alumínio	2,7
Chumbo	11,3
Ouro	19,3

2.6 PROPRIEDADES QUÍMICAS

Ao contrário do que ocorre com as propriedades físicas, as propriedades químicas são marcadas por mudanças na composição do material, ou seja, uma substância se transforma em outra(s).

A **combustibilidade** é um exemplo de propriedade química. Alguns materiais apresentam essa propriedade, como a gasolina, enquanto outros não a possuem, como a água.

Outra propriedade química é a **oxidação**. Oxidação nada mais é do que um material se combinar com o oxigênio, formando um óxido. O ar, auxiliado pela água, pode destruir até o ferro e o aço, ou seja, alguns dos materiais mais fortes empregados na construção civil.

Em poucas palavras, o ferro e o aço, sem proteção, quando expostos ao ar, oxidam ("enferrujam"). Esse processo é acelerado pela presença de água ou umidade. O óxido de ferro (ferrugem) assume uma coloração avermelhada.

Nas áreas afetadas pela ferrugem, o metal começa a perder densidade (expandir) e se esfarelar da superfície para o centro, iniciando um **processo corrosivo**, que, se não for contido, pode levar à degradação total do aço.

De modo simples, a palavra corroer significa roer aos poucos e destruir progressivamente. A corrosão das barras de aço presentes no concreto armado causa uma série de danos à resistência, durabilidade e segurança da estrutura.

Figura 2.15 – Concreto armado com barras de aço corroídas.

Fonte: Bengston/Flickr

Com a expansão do aço oxidado, são geradas tensões de tração no concreto que podem provocar sua fissuração ou até o destacamento de partes da superfície do concreto, expondo ainda mais o aço ao ambiente. Além disso, a oxidação leva ao aparecimento de manchas avermelhadas, à diminuição da aderência das barras com o concreto e à redução da área de aço resistente, podendo causar o colapso da estrutura.

Para evitar os efeitos danosos da corrosão, é importante que sejam tomados diversos cuidados no projeto e na execução da obra.

2.7 ENSAIOS DE LABORATÓRIO

Como podemos conhecer as propriedades dos materiais de construção? Como podemos saber se um material é adequado para determinado uso?

Quando estamos com algum problema de saúde, o médico nos prescreve alguns exames que devemos fazer em laboratórios especializados. Depois, compara os resultados dos exames com os valores padrões. Por fim, com base em todo o conhecimento teórico e prático, o médico dá o diagnóstico.

Com os materiais de construção acontece exatamente a mesma coisa. Quando queremos saber se um material é adequado para determinado uso, realizamos ou encomendamos a execução de ensaios laboratoriais que medem as propriedades físicas, químicas ou tecnológicas do material. Posteriormente, comparamos os resultados com os valores especificados no projeto ou nas normas técnicas. Por último, damos o "diagnóstico" sobre a adequação do material ao uso pretendido.

Figura 2.16 – Vista de um laboratório de campo.

Fonte: cortesia de Nilo Masukawa

Na maioria dos canteiros de obra, não são realizados todos os ensaios, nem seria lógico exigir isso. Nesses casos, o recomendado é que o engenheiro/arquiteto envie amostras para laboratórios especializados e avalie os laudos entregues. Já em obras de grande porte, como construções de rodovias, ferrovias e barragens, são montados laboratórios exclusivamente para analisar e atestar a qualidade dos materiais. A Figura 2.17 mostra um laboratório de campo.

Figura 2.17 – Laboratório de campo.

Os ensaios e os materiais devem seguir a orientação das normas técnicas. No Brasil, a entidade oficial de normalização é a ABNT (Associação Brasileira de Normas Técnicas).

As normas da ABNT são designadas pela sigla NBR (Norma Brasileira) seguida de um número de ordem, do ano de publicação ou atualização e de seu título. Por exemplo, a ABNT NBR 12655/2022 descreve o procedimento de preparo, controle, recebimento e aceitação do concreto de cimento Portland.

Observação: Ao longo deste livro, as normas técnicas foram citadas apenas para ilustrar as características dos materiais e ensaios, não eximindo os profissionais da consulta direta aos textos normativos. Além disso, as normas indicadas são as que estavam em vigor no momento da escrita do livro, e eventuais atualizações podem ser consultadas no site da ABNT.

MATERIAL EXTRA

Este capítulo apresenta videoaulas:

Conceitos básicos

http://livro.link/an1

Tipos de tensão

http://livro.link/an2

Qualquer dúvida, é só deixar um **comentário** nos vídeos. Na medida do possível, vou respondendo. Bons estudos!

EXERCÍCIOS DE FIXAÇÃO

A melhor maneira de saber se você aprendeu é **testando sua memória**. Assim, sugiro que você faça os exercícios de fixação **sem consultar a teoria**. Após terminar, revise os pontos que você errou ou de que não lembrava.

Obs.: O gabarito está disponível no final do livro.

2.1 Julgue as seguintes afirmativas em verdadeiro (V) ou falso (F):

1. ( ) O valor da resistência mecânica é igual à tensão máxima que o material suporta antes da ruptura.
2. ( ) Quanto maior a área de contato, maior a tensão produzida pela força.
3. ( ) Um MPa equivale a cerca de 100 kgf/cm^2.
4. ( ) A oxidação é um processo a partir do qual o ar pode destruir materiais resistentes como o aço.

2.2 Complete as frases a seguir:

1. Os materiais que se rompem após sofrerem grandes deformações são chamados de ________.

2. Os materiais que se rompem com pequenas deformações são chamados de ________.

3. A ________ é a capacidade de o material recuperar o tamanho original após a retirada da força.

4. A ________ é a propriedade de o material manter o seu estado deformado, mesmo depois de cessada a força.

5. A massa específica é a relação entre ________ e ________ do objeto.

2.3 Cite os 5 tipos de tensões mostrados no capítulo.

2.4 Um corpo de prova de concreto de área transversal igual a 78,5 cm^2 se rompeu com uma carga de 28.000 kgf. Qual é a resistência em MPa do material?

2.5 Uma barra de aço de 100 cm, submetida a uma tensão de tração, alcançou o tamanho de 130 cm. Qual é o valor da deformação?

2.6 Imagine que você é o engenheiro/arquiteto responsável por acompanhar a construção de um prédio. Explique por que você faria ensaios nos materiais.

CAPÍTULO 3

Agregados

Figura 3.1 – Exemplo de pedra britada.

Os agregados podem ser empregados para diversas finalidades, como produção de argamassas, lastros de ferrovia, bases de pavimentos, revestimentos asfálticos e concretos.

Para você ter uma ideia da importância desse material, saiba que até 80% do volume do concreto pode ser constituído de agregados. A seguir, falaremos sobre os vários tipos de agregados e suas propriedades.

3.1 AREIA NATURAL

A areia natural é um tipo de agregado miúdo que pode ser originário de várias fontes. Quando encontrada em rios, é denominada de areia lavada. Quando extraída do subsolo, é chamada de areia de cava.

A extração do material, na maioria dos casos, é feita por meio de dragas e processos de escavação e bombeamento.

As fontes de areia natural estão cada vez mais distantes dos centros urbanos, em muitos casos acarretando um custo de frete superior ao valor do próprio agregado.

É importante ressaltar que a areia de praia não pode ser empregada para a confecção de concretos e argamassas em razão dos sais que contém. Esse excesso de sal aumenta significativamente o risco de corrosão das armaduras das estruturas de concreto.

Figura 3.2 – Extração de areia natural.

Fonte: Canstock

3.2 CASCALHO

O cascalho é um tipo de agregado com tamanho variável encontrado sedimentado em rios. Na figura, é possível notar que os grãos de cascalho apresentam forma arredondada e textura bem lisa. Você sabe por que esses graus são arredondados?

Em razão do movimento da água, os grãos de cascalho rolam pelo fundo do rio e batem em outros materiais. Esse processo de atrito remove as arestas e deixa os grãos bem arredondados. Por esse motivo, também são chamados de seixos rolados.

Embora atualmente isso não seja tão comum, os cascalhos podem ser empregados para confecção de concretos.

Figura 3.3 – Cascalho.

Fonte: Canstock

3.3 PEDRA BRITADA

A pedra brita é um agregado proveniente da diminuição de tamanho de uma rocha maior por meio de explosivos e britadores.

O **processo de produção** da brita é relativamente simples. A rocha da jazida é desmontada por meio de explosivos. Os explosivos são cuidadosamente calculados para romper os materiais em tamanhos adequados. Contudo, caso os blocos ainda estejam muito grandes para serem transportados, eles são fragmentados por meio de rompedores hidráulicos e levados para as pedreiras. Após passarem pelos britadores, os agregados são movidos por esteiras e separados com o auxílio de peneiras em diferentes faixas de tamanhos.

Figura 3.4 – Pedra britada.

As características dos agregados, como resistência e abrasão, são determinadas principalmente pelas propriedades da rocha de origem. No entanto, o processo de produção nas pedreiras pode afetar a qualidade dos agregados pela eliminação das camadas mais fracas da rocha.

Figura 3.5 – Descarregamento de brita 3 no lastro de uma ferrovia.

O material britado pode ser classificado, segundo o tamanho de seus grãos, em 5 graduações, denominadas em ordem crescente de tamanho: **brita 0**, **1**, **2**, **3** e **4**.

Além das britas, existem outros termos que é importante que se conheçam:

- **areia britada** (também chamada de areia artificial) - material com dimensão até 4,8 mm. Atualmente, várias usinas de concreto vêm empregando essa areia em combinação com a areia natural. Isso possibilita uma redução do custo do concreto;
- **bica primária** ou **brita corrida** - material que sai diretamente do britador, sem que seja feito o peneiramento; e
- **rachão** ou **pedra de mão** - material com diâmetro médio superior a 76 mm, muito utilizado em aterros e camadas de colchão drenante.

3.3.1 PRODUÇÃO DA BRITA

Figura 3.6 – Esquema simplificado da produção de brita.

Figura 3.7 – Produção da brita – equipamentos.

Fonte: cortesia de Reinaldo Cano

3.4 ARGILA EXPANDIDA

A argila expandida é um agregado leve que apresenta formato de bolinha cerâmica. Sua parte interna é formada por pequenos poros, e sua parte externa, por uma casca rígida.

A argila expandida é obtida pela queima da argila natural em fornos cuja temperatura ultrapassa os 1.000 °C.

A argila expandida é usada para a confecção de concretos leves e para paisagismo. Além de sua leveza, é um excelente isolante térmico e acústico.

Figura 3.8 – Argila expandida.

3.5 VERMICULITA EXPANDIDA

A vermiculita é um tipo de mineral existente em abundância no Brasil. Quando aquecida, ela se expande de maneira considerável, transformando suas partículas em flocos. Esses flocos apresentam células de ar aprisionado, por esse motivo, se tornam leves e têm bom desempenho acústico e térmico.

A vermiculita é empregada para a produção de argamassas e concretos leves. Esses concretos serão abordados no Capítulo 9.

Figura 3.9 – Vermiculita.

3.6 CLASSIFICAÇÃO

Os agregados podem ser classificados quanto à **origem**, à **massa específica** ou à **dimensão**, conforme apresentado na Figura 3.10.

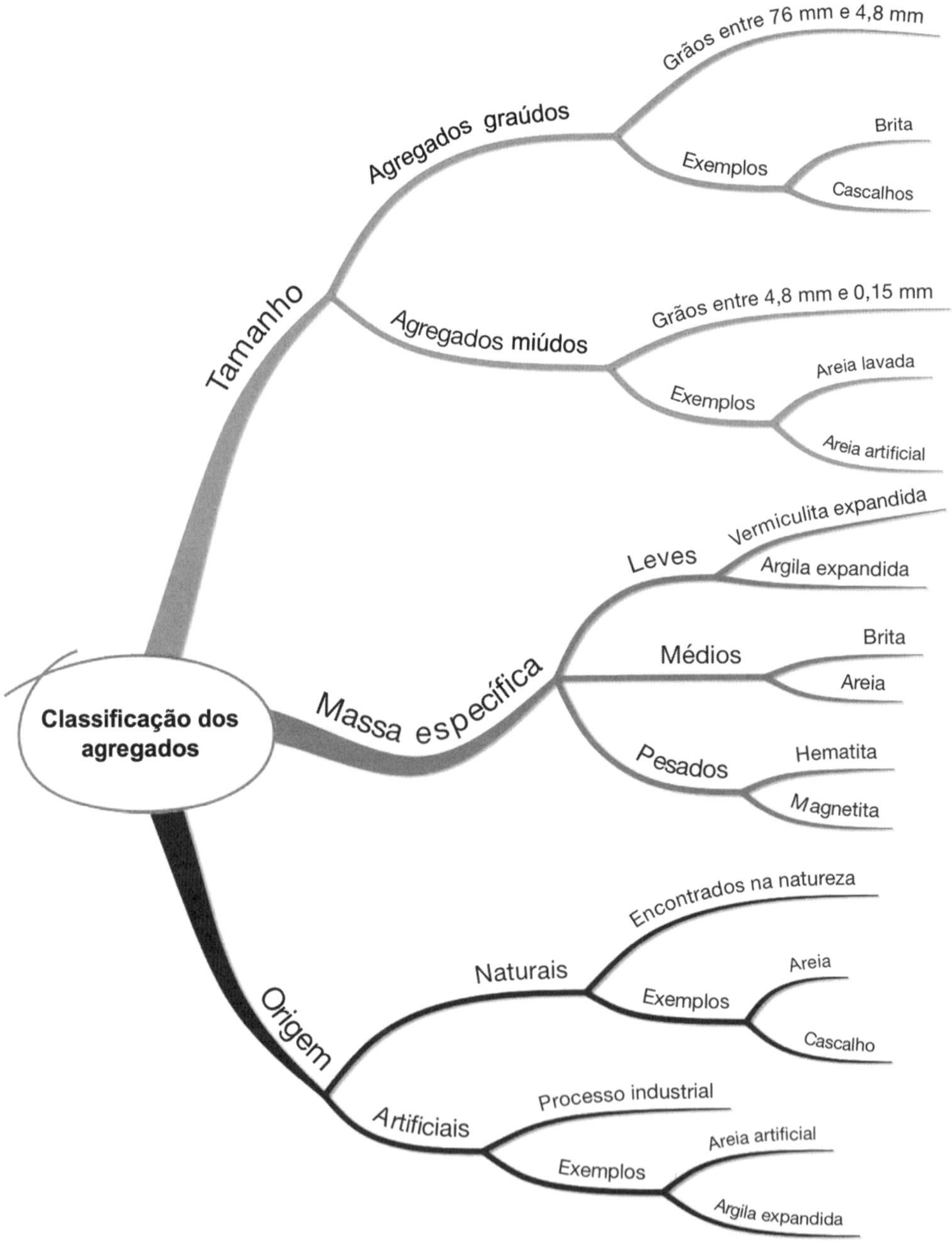

Figura 3.10 – Classificação dos agregados.

3.7 CARACTERIZAÇÃO

As características dos agregados influenciam de maneira significativa no custo, na resistência e na durabilidade dos concretos e argamassas. Assim, é extremamente importante que você conheça bem o comportamento desses materiais. Para isso, é necessária a realização de ensaios laboratoriais. A seguir, serão descritos de modo breve alguns ensaios. Os detalhes da execução devem ser consultados nas normas específicas.

3.7.1 ENSAIO DE PENEIRAMENTO

A avaliação das dimensões dos agregados é de extrema importância. Para isso, usamos uma série de peneiras. O ensaio pode ser feito manualmente ou com o auxílio de agitadores mecânicos.

Figura 3.11 – Exemplo de peneira (observar a abertura da malha).

As normas técnicas definem duas séries de peneira, uma chamada normal e outra com valores intermediários à normal.

Tabela 3.1 – Conjunto de peneiras das séries normal e intermediária (valor da abertura nominal da malha da peneira em mm)

Série normal	Série intermediária
75 mm	63 mm
37,5 mm	50 mm
19 mm	31,5 mm
9,5 mm	25 mm
4,75 mm	12,5 mm
2,36 mm	6,3 mm
1,18 mm	–
0,6 mm	–
0,3 mm	–
0,15 mm	–

Fonte: adaptada de ABNT NBR 7211:2009

Vamos ver se a sua memória está boa. Você conseguiu decorar todas as peneiras da série normal? Não? É fácil. A abertura da primeira peneira (76 mm) dividida por 2 é igual à abertura da segunda (38 mm), e assim por diante, até chegar à última peneira (0,15 mm).

3.7.1.1 Granulometria

Além dessas peneiras, existem outras especiais, como a peneira #200, que tem abertura nominal de 0,075 mm. O material que passa por essa peneira é chamado de material pulverulento ou *filler*.

Granulometria é o processo que avalia os tamanhos dos agregados. Essa avaliação é muito importante para entender o comportamento de concretos e argamassas.

O procedimento é simples. Depois que o agregado é peneirado, pesamos a fração retida em cada peneira e calculamos o percentual dessa massa retida em relação à massa total de agregado.

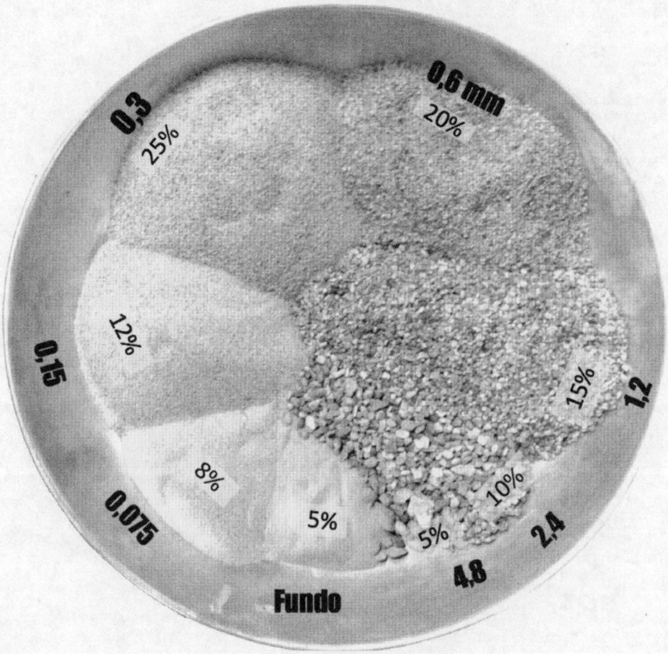

Figura 3.12 – Exemplo de granulometria de agregado peneirado.

A Figura 3.13 ilustra o cálculo da distribuição granulométrica e o desenho da curva correspondente.

Resultado do ensaio

$$\frac{100 \times \text{Massa retida}}{\text{Massa total}}$$

100 – % Retida acumulada

Peneira (mm)	Massa retida na peneira (g)	% Retina na peneira	% Retina acumulada	% Passante
4,8	0	0	0	100,0%
2,4	230	20,9%	20,9%	79,1%
1,2	280	25,5%	46,4%	53,6%
0,6	220	20,0%	66,4%	33,6%
0,3	180	16,3%	82,7%	17,3%
0,15	190	17,3%	100,0%	0,0%
Total	1.100	-	-	-

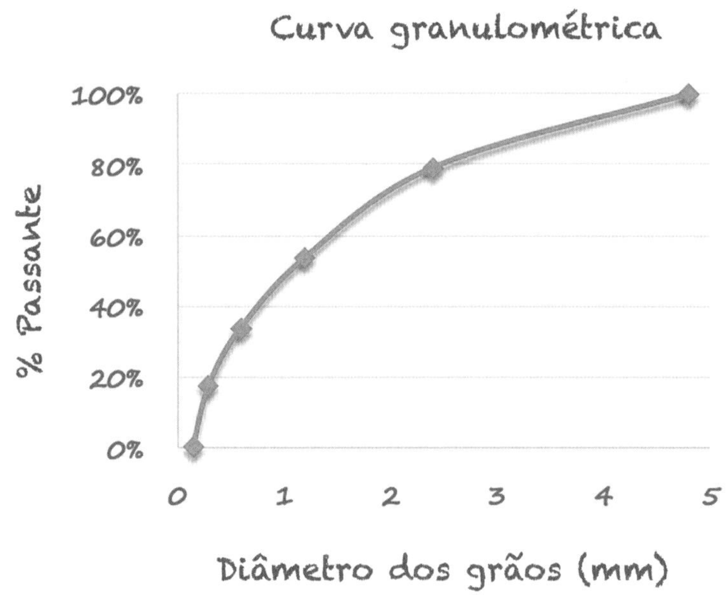

Figura 3.13 – Granulometria de areia.

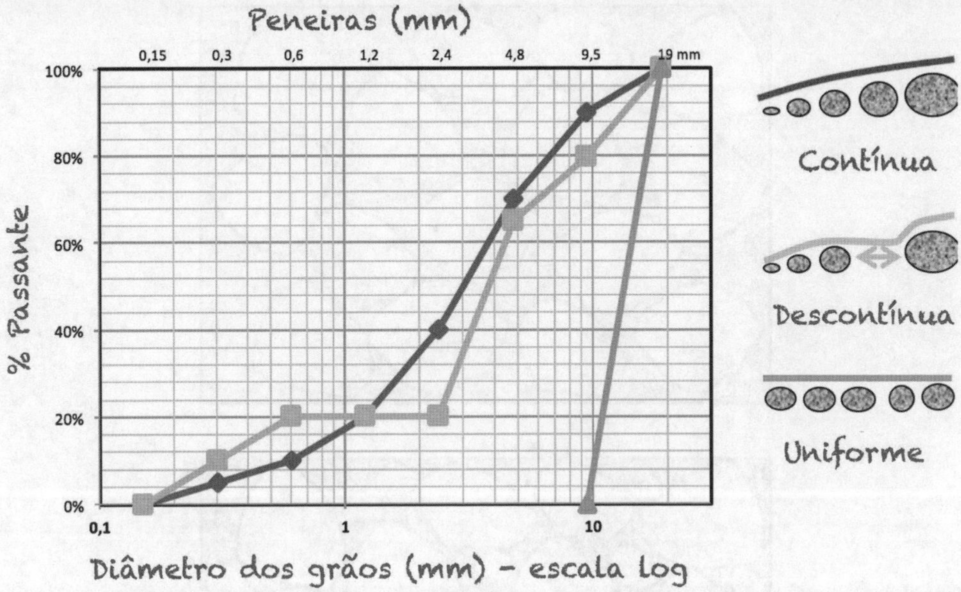

Figura 3.14 – Exemplo de três curvas granulométricas distintas (em escala logarítmica).

Podemos também calcular a porcentagem retida acumulada e a porcentagem que passa por cada peneira (% passante).

Com o resultado, desenhamos um gráfico que correlaciona o diâmetro dos grãos (abertura das peneiras) com as porcentagens que passam pela peneira ou pela retida acumulada.

Para facilitar a visualização das menores aberturas de peneiras (diâmetros de agregados menores), é comum usarmos a escala logarítmica no eixo horizontal.

Com base na curva granulométrica, podemos avaliar se a distribuição dos grãos é contínua, descontínua ou uniforme.

O que você acha que é melhor para a confecção de concretos: agregados com grande variação de tamanho (curva contínua) ou apenas poucos tamanhos (curva uniforme)?

A Figura 3.15 ilustra duas seções de um concreto. A primeira com agregados mal graduados e a segunda com agregados bem graduados. A parte cinza representa a pasta de cimento, e a parte branca, os agregados.

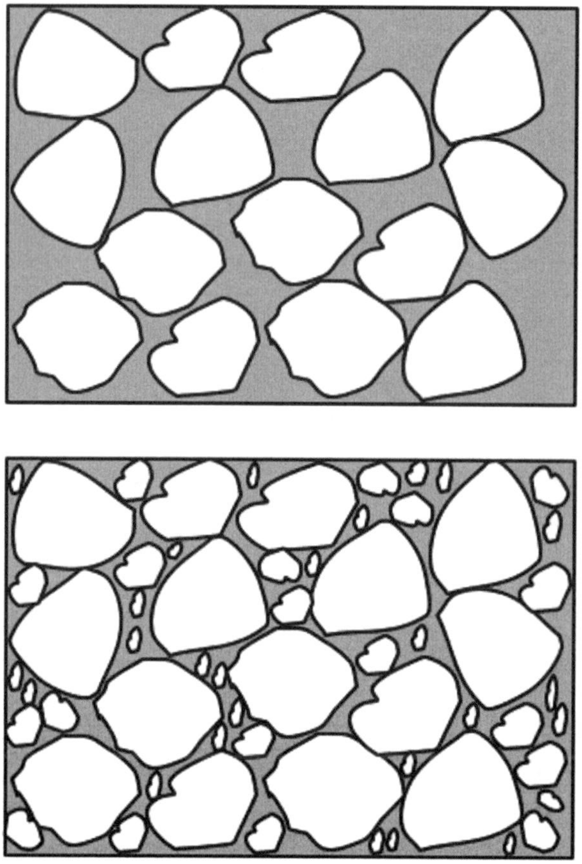

Figura 3.15 – Influência da graduação dos agregados.

Para a confecção de concretos, o emprego de agregados mal graduados acarreta a necessidade de consumir mais cimento, encarecendo o produto.

3.7.1.2 Módulo de finura (MF)

O módulo de finura pode ser obtido do ensaio de peneiramento. Ele serve para classificar os agregados miúdos em finos, médios ou grossos. Além disso, é empregado como parâmetro em alguns métodos de dosagem do concreto.

Tabela 3.2 – Classificação das areias segundo o MF

Tipos	Módulo de finura (MF)	Utilização
Areia grossa	MF > 3,3	Chapisco e concreto
Areia média	2,4 < MF < 3,3	Emboço e concreto
Areia fina	MF < 2,4	Reboco

Fonte: Ribeiro *et al*. (2011)

O cálculo do módulo de finura é bem simples, basta somar os valores da coluna porcentagem retida acumulada e dividir o resultado por 100. No entanto, fique atento ao fato de que só entram no cálculo as linhas das peneiras da **série normal**.

Tabela 3.3 – Exemplo de cálculo do MF

Peneira	% retida	% retida acumulada
4,8	0	0
2,4	20	20
1,2	30	50
0,6	50	100
0,3	0	100
0,15	0	100
–	Somatório	370
–	MF	3,7

No nosso exemplo, a areia apresentou um MF = 3,7. Com base na primeira tabela, vemos que ela corresponde a uma areia grossa. Quanto mais grossa for a areia, maior será o valor do seu módulo de finura.

3.7.2 FORMA DOS GRÃOS

De acordo com a forma, os agregados podem ser classificados em arredondados, angulosos ou lamelares.

Agregados formados por atrito são mais arredondados em função da perda de vértices e arestas. Por exemplo, a areia de rio e o seixo rolado têm formas bem arredondadas. Já as pedras britadas apresentam formas mais angulosas, com vértices definidos.

A forma dos grãos influencia nas propriedades do concreto. Os grãos arredondados produzem misturas de concretos mais fáceis de serem misturadas, reviradas e adensadas. Já o emprego de grãos lamelares produz concretos com menor resistência e com maior consumo de cimento.

3.7.3 ABRASÃO LOS ANGELES

Todos os materiais desgastam, os agregados não são exceção. A resistência dos agregados ao desgaste abrasivo pode ser determinada por meio do ensaio de abrasão Los Angeles.

De maneira resumida, podemos dizer que o ensaio consiste em colocar uma massa de agregados junto com uma carga abrasiva (esferas metálicas) dentro de um tambor, conforme mostrado na Figura 3.16. As massas do agregado e das esferas são definidas em norma (ABNT NBR 16974/2022 - Agregados - Ensaios de resistência ao impacto e à abrasão Los Angeles). Em seguida, a máquina é ligada e o tambor gira centenas de vezes (500 ou 1.000 rotações) a uma velocidade de 30 a 33 RPM, provocando o impacto repetido dos agregados contra o tambor, contra as esferas e contra os outros grãos, gerando um intenso desgaste.

Figura 3.16 – Máquina para ensaio de abrasão Los Angeles.

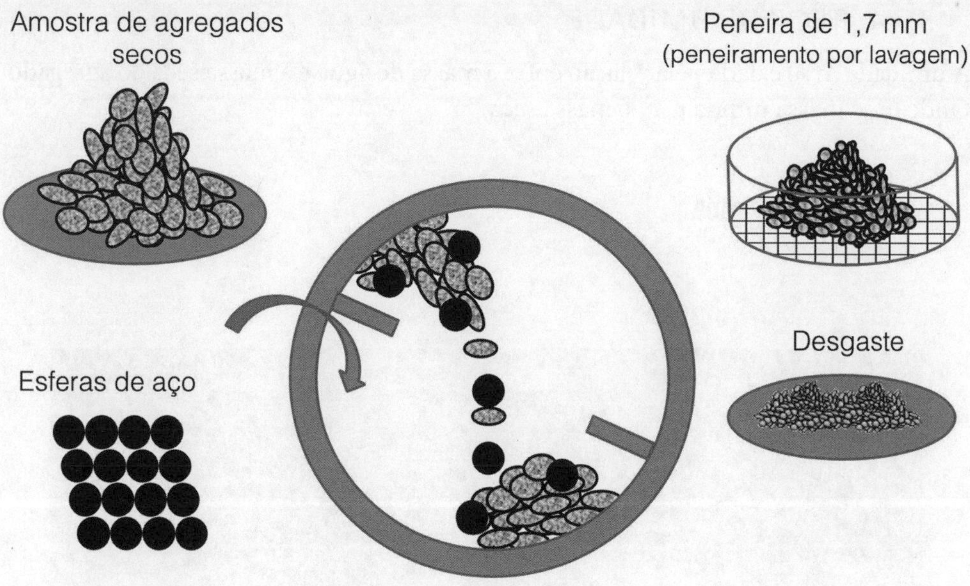

Figura 3.17 – Esquema do ensaio de abrasão Los Angeles.

O desgaste é expresso pela porcentagem, em massa, do material que passa (após o ensaio) pela peneira de malha quadrada de 1,7 mm.

A abrasão (LA) é dada pela razão percentual entre o desgaste e a massa inicial, conforme mostrado na equação a seguir:

$$LA = \frac{\left(m_{inicial} - m_{retida}\right)}{m_{inicial}} \times 100\%$$

É recomendado que o desgaste à abrasão Los Angeles seja **inferior a 50%** para o emprego do agregado na confecção de concretos.

Exemplo: A massa inicial colocada na máquina foi de 5 kg. O material retido na peneira de 1,7 mm foi de 2 kg (massa final). Qual é o valor da abrasão Los Angeles?

Neste caso, o desgaste foi de 60%. Assim, esse agregado não deveria ser utilizado para a produção de concretos.

3.7.4 TEOR DE UMIDADE

A umidade (h%) é dada pela relação entre a massa de água e a massa seca do agregado. Onde m_h é massa úmida e m_s é massa seca.

$$h = \frac{(m_h - m_s)}{m_s} \times 100\%$$

Figura 3.18 – Areia úmida.

Exemplo: A massa de uma areia úmida foi de 300 g e a massa seca alcançou 250 g. Qual é o valor da umidade?

Resposta: h = 20%.

Quando a areia está úmida, é necessário corrigir a quantidade de água de amassamento empregada para a produção do concreto, sob pena de redução de resistência e durabilidade do concreto endurecido. Portanto, é fundamental determinar o teor de umidade do agregado. Em usinas de concreto, o ensaio de teor de umidade é realizado cerca de 6 vezes ao dia.

A utilização de uma estufa é o método mais preciso para determinar a umidade do agregado.

Figura 3.19 – Estufa para determinar a umidade do agregado.

O ensaio de estufa é bem simples. Basta colocar o agregado úmido na estufa a 110 °C e deixar o tempo necessário para que toda a água evapore. De tempos em tempos, você deve pesar a amostra. Quando a massa permanecer a mesma em duas pesagens consecutivas, significa que toda a água evaporou e o material secou. Em geral, a permanência mínima na estufa é de 6 a 12 horas.

3.7.5 INCHAMENTO

Quando uma areia é umedecida, ela aumenta de volume. Isso ocorre em razão do afastamento entre os grãos provocado pela presença de água. A esse fenômeno é dado o nome de inchamento.

Se o inchamento não for considerado na hora da dosagem do concreto em volume, a proporção dos materiais será significantemente alterada.

O inchamento pode aumentar o volume de um agregado miúdo (por exemplo, a areia) em cerca de 40% a 50%.

O inchamento não é uniforme. Ele varia em função do teor de umidade. Normalmente, o inchamento máximo ocorre para teores de umidade de 4% a 6%.

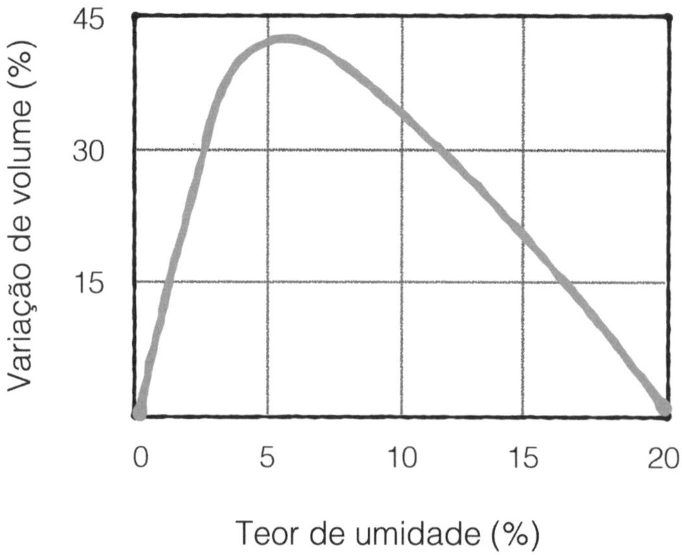

Figura 3.20 – Exemplo de inchamento em função do teor de umidade.

Conforme pode ser observado no gráfico da Figura 3.20, o inchamento é crescente para teores de umidade baixos, apresentando seu valor máximo na umidade crítica e, em seguida, decresce. Para altos teores de umidade, quando o agregado miúdo fica saturado, a variação de volume é praticamente nula.

Além disso, destaca-se que, quanto mais fino for o agregado miúdo, maior será o aumento de volume em função do inchamento. Depois de avaliar esse ensaio, você deve concordar que, nos casos que a areia é vendida em volume, é melhor comprá-la seca ou saturada.

MATERIAL EXTRA

Este capítulo apresenta videoaulas:

Agregados – Introdução

http://livro.link/an3

Agregados – Ensaios

http://livro.link/an4

Qualquer dúvida, é só deixar um **comentário** nos vídeos. Na medida do possível, vou respondendo. Bons estudos!

EXERCÍCIOS DE FIXAÇÃO

A melhor maneira de saber se você aprendeu é **testando sua memória**. Assim, sugiro que você faça os exercícios de fixação **sem consultar a teoria**. Após terminar, revise os pontos que você errou ou não lembrava.

3.1 Julgue as seguintes afirmativas em verdadeiro (V) ou falso (F):

1. ( ) A areia de praia não pode ser utilizada para a produção de concreto em razão dos sais que contém.
2. ( ) Os cascalhos podem ser utilizados para produção de concreto.
3. ( ) A bica primária é separada na peneira de 75 mm.
4. ( ) A argila expandida apresenta ótimo isolamento térmico e acústico.
5. ( ) A vermiculita pode ser classificada como um agregado natural.
6. ( ) A peneira de 6,3 mm faz parte da série normal.
7. ( ) O cálculo do módulo de finura utiliza todas as peneiras das séries normal e intermediária.
8. ( ) Os agregados lamelares produzem concretos mais resistentes do que os arredondados.
9. ( ) Os *fillers* são agregados graúdos, com diâmetros dos grãos superiores a 1,2 mm, utilizados na confecção de concretos. (CESPE PSP-RH-2/2004)
10. ( ) O inchamento de uma areia é a propriedade que a areia apresenta de aumentar de volume no estado seco, quando revolvida. (CESPE PSP – 2004)
11. ( ) Agregado graúdo é aquele cujo diâmetro efetivo é superior a 10 mm. (CESPE-TJ/SE – 2006)

12. ( ) O critério de classificação das britas em números 1, 2 ou 3 se baseia no tipo da rocha de origem. (CESPE-TJ/SE - 2006)

3.2 Complete as frases a seguir:

1. Os agregados podem ser classificados pela origem, ________ e ________.

2. O material passante na peneira de malha #200 pode ser chamado de ________ ou material ________.

3. Existem três tipos de distribuição granulométrica: contínua, ________ e ________.

4. O emprego de agregados ________ graduados acarreta a necessidade de consumir mais cimento do que os agregados ________ graduados.

5. O ensaio de abrasão Los Angeles utiliza a peneira de malha quadrada de ________ mm.

6. O desgaste à abrasão Los Angeles deve ser inferior a ________% para confecção de concretos.

7. A umidade é dada pela relação entre a massa de ________ e a ________.

8. O ________ pode aumentar o volume de um agregado úmido em cerca de 40%.

3.3 A massa inicial de agregados colocada no equipamento de abrasão Los Angeles foi de 5 kg e a massa retida na peneira de 1,7 mm foi de 2,0 kg. Qual é o resultado do ensaio? Esse agregado poderia ser utilizado para a fabricação de concretos?

3.4 A massa de uma areia úmida é de 300 g e, após ser colocada na estufa, o seu valor foi reduzido para 260 g. Qual é o valor do teor de umidade?

CAPÍTULO 4

Aglomerantes e drywall

Figura 4.1 – Exemplo de instalação de drywall.

Fonte: Shutterstock

Neste capítulo, você vai aprender sobre os materiais aglomerantes, com destaque para o gesso e a cal. Além disso, conhecerá também a técnica construtiva de drywall. Os aglomerantes cimento Portland e asfalto serão vistos em capítulos específicos.

4.1 INTRODUÇÃO

Para começar, é importante entendermos o que é um aglomerante. Essa palavra significa juntar uma coisa a outra de modo que fiquem unidas no mesmo lugar. Assim, aglomerante é qualquer material coesivo e adesivo e que seja capaz de unir partículas entre si, formando um todo compacto. Em palavras simples, seria semelhante a uma cola.

Conforme vimos anteriormente, os agregados são exemplos de materiais sem coesão. Ou seja, se você juntar várias pedras britadas elas não vão colar entre si. Se você puxar uma pedra, as outras ficam. Agora, se você adicionar um pouco de água e cimento, a situação muda; essas pedras, junto com a pasta de cimento, vão formar um todo compacto e resistir quase como um único material.

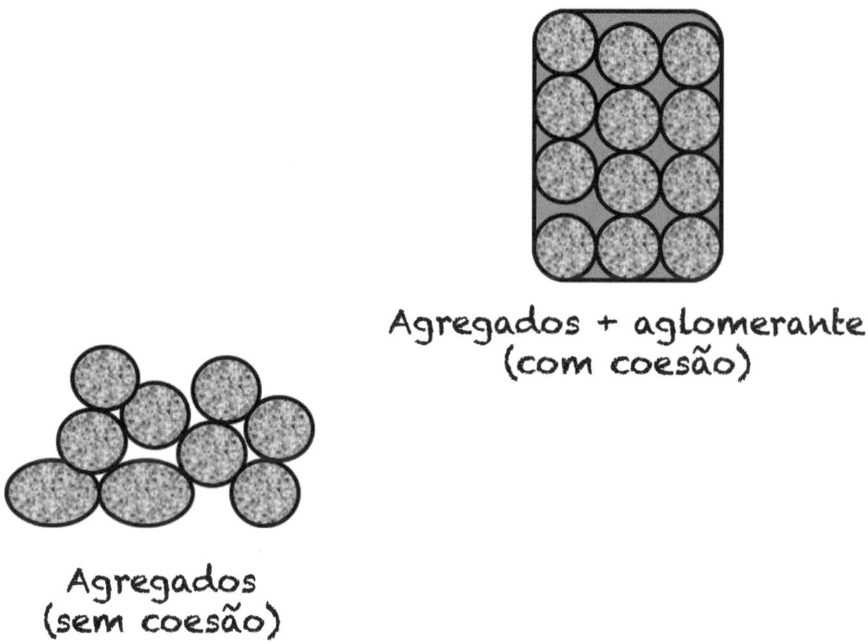

Figura 4.2 – Os aglomerantes conferem coesão à mistura de agregados.

4.2 CLASSIFICAÇÃO

Existem vários tipos de aglomerantes. Para entendermos melhor, é importante saber que eles podem ser classificados em dois tipos: quimicamente inertes e ativos.

Os aglomerantes quimicamente inertes são aqueles que se unem a outros materiais sem que ocorra uma reação química, ou seja, a composição deles não se modifica. Nesses casos, ocorre apenas um processo físico. Por exemplo, a argila endurece apenas pela secagem.

Já os aglomerantes quimicamente ativos reagem e formam novos compostos, como o cimento e a cal.

Ainda é possível dividir os aglomerantes ativos em duas subclasses segundo o seu processo de endurecimento: aglomerantes aéreos (endurecem na presença do ar) e aglomerantes hidráulicos (endurecem pela reação com a água).

Figura 4.3 – O emprego de aglomerantes possibilita a construção de edificações de grande altura.

Fonte: iStockphoto

4.3 ARGILA

A argila foi, provavelmente, o primeiro material aglomerante empregado pela humanidade. Até os animais utilizam argila como casa, como o pássaro joão-de-barro.

A argila é o solo mais fino que pode ser encontrado na natureza. Pode apresentar diversas cores, desde o vermelho vivo até o amarelo esbranquiçado. Quando molhada, ela forma uma pasta plástica que pode ser moldada em qualquer formato. Pouco depois, endurece pela secagem.

Atualmente, a argila ainda é utilizada em construções simples em áreas rurais, chamadas de casas de pau a pique. Essas casas são feitas com varas e barro.

Figura 4.4 – Casa de argila.

Fonte: iStockphoto

4.4 CAL

A cal apresenta inúmeras aplicações, e é empregada nos setores agrícola, siderúrgico, químico e, principalmente, na construção civil. Na engenharia, é utilizada para pinturas rústicas de meios-fios e paredes, produção de argamassas de revestimento e assentamento de tijolos e blocos, estabilização de solos para fins de pavimentação e até mesmo no tratamento de água.

Como aglomerante, é utilizada desde os tempos antigos. Junto com cinzas vulcânicas, a cal foi empregada para a produção de várias obras romanas, como o Coliseu e os famosos aquedutos.

Atualmente, existem três tipos comercializados: cal virgem, cal hidratada e cal hidráulica.

Figura 4.5 – Cal hidratada.

4.4.1 FABRICAÇÃO DA CAL VIRGEM

O processo de fabricação da cal virgem é relativamente simples. O insumo principal é obtido de rochas calcárias ($CaCO_3$) que são moídas e calcinadas ("queimadas") em fornos a elevadas temperaturas.

Quando a rocha calcária chega entre 850 °C e 900 °C, aproximadamente, ela se decompõe em óxido de cálcio (CaO) e gás carbônico (CO_2). A reação química é bem simples: $CaCO_3 + \text{calor} \rightarrow CaO + CO_2$.

Como o gás é liberado, o processo gera basicamente o óxido de cálcio que denominamos como cal virgem, também chamado em alguns lugares de cal viva.

A cal virgem (CaO) é geralmente vendida na forma de grãos grandes, de coloração branca. As pedras de cal virgem são bem porosas e quebradiças.

Figura 4.6 – Pedras de calcário.

Fonte: Verguín/Wikimedia

4.4.2 HIDRATAÇÃO DA CAL VIRGEM

A cal virgem não pode ser aplicada de maneira direta na obra. Para ser utilizada como aglomerante, a cal virgem precisa ser antes hidratada, ou seja, necessita reagir com a água. O problema é que essa reação com água ocorre de maneira violenta, gerando bastante calor, sendo esse processo muito perigoso.

A hidratação da cal virgem pode ser efetuada na própria obra ou na indústria. Quando ocorre na obra, chamamos de cal extinta. Quando ocorre na usina industrial, o produto é vendido como cal hidratada.

Um problema adicional da utilização da cal virgem é que a reação completa é lenta. Assim, devemos esperar vários dias após a mistura com água para podermos utilizar a pasta resultante como aglomerante.

A reação química de hidratação da cal virgem é: ($CaO + H_20 \rightarrow Ca(OH)_2$ + calor).

Antigamente, era comum a extinção (hidratação) da cal virgem no próprio canteiro de obras, onde eram colocadas pedras de cal virgem e água em grandes tambores. No entanto, como esse processo gerava muitos acidentes graves, caiu em desuso. Assim, atualmente, é muito mais comum utilizar a cal hidratada nas usinas.

A cal hidratada é vendida na forma de um pó muito fino e leve, e já pronta para o uso. Ela pode ser classificada, segundo o seu grau de pureza, em três tipos distintos: CH-I, CH-II e CH-III. A CH-I apresenta o melhor grau de pureza, já a CH-II, um grau intermediário, e a CH-III, um grau de pureza baixo; este último tipo é um produto mais econômico.

4.4.3 ENDURECIMENTO

Conforme dissemos anteriormente, a cal hidratada é um aglomerante aéreo, ou seja, endurece por causa do gás carbônico presente na atmosfera. Agora, você pode estar se perguntando: "Então, por que utilizamos água?".

Precisamos da água porque ela permite que a mistura fique pastosa e fácil de espalhar. Além disso, o gás carbônico não reage facilmente com hidróxido de cálcio seco. Esse processo de endurecimento é lento e ocorre de fora para dentro à medida que a água evapora e o gás carbônico penetra nos poros, promovendo o endurecimento das camadas mais profundas.

Note que a reação de carbonatação gera o mesmo produto da rocha calcária original, o carbonato de cálcio (CaCO3): $Ca(OH)_2 + CO_2 \rightarrow CaCO_3 + H_20$.

4.5 GESSO

O gesso é um pó branco, fino, de rápido endurecimento e baixo custo e que é largamente utilizado em vários setores. Está presente desde o simples giz utilizado nas salas de aula até o gesso utilizado na medicina para imobilização de partes fraturadas do corpo humano e na odontologia para a produção de moldes para próteses dentárias.

Na construção civil, é comercializado tanto em pó como em placas de gesso e gesso acartonado. Além disso, é um produto essencial para a produção do cimento Portland, controlando seu tempo de endurecimento.

O gesso é produzido a partir da gipsita, um mineral abundante na natureza. A gipsita apresenta coloração branca a incolor e baixa dureza e sua composição química é chamada de sulfato de cálcio di-hidratado ($CaSO_4.2H_2O$) – isso indica que, para cada molécula de sulfato de cálcio, temos duas moléculas de água.

A fabricação do gesso é relativamente simples. A gipsita é aquecida a cerca de 175 °C, o que faz com que 75% da água contida no mineral evapore, resultando no gesso, cuja composição química é o sulfato de cálcio hemi-hidratado ($CaSO_4.1/2H_2O$). O nome hemi-hidratado significa que, para cada molécula de sulfato de cálcio, o gesso apresenta apenas meia molécula de água.

Observe que interessante. Na obra, quando adicionamos água para formar a pasta, pouco tempo depois o gesso endurece e recupera a configuração química da rocha que lhe deu origem, ou seja, volta a ter bastante água em sua composição ($CaSO_4.2H_2O$).

Em razão de sua hidratação, o gesso se expande durante o seu endurecimento, o que ajuda a reduzir fissuras e trincas. Além disso, a grande quantidade de água na sua composição faz com que seja muito resistente ao fogo. Quando o incêndio começa, a água começa a evaporar, gerando vapor, retardando o aumento da temperatura por várias horas.

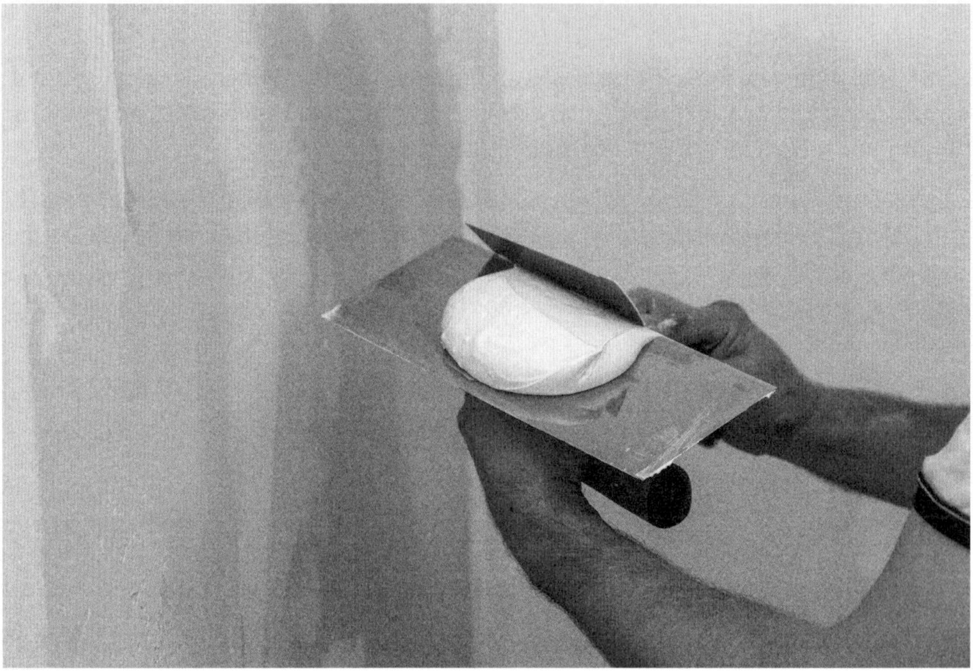

Figura 4.7 – O gesso é muito utilizado para forros de edificações.

Fonte: iStockphoto

4.5.1 PASTA DE GESSO

A pasta de gesso, mistura de gesso em pó com água, é muito utilizada para revestimento de parede e tetos. Ela proporciona uma ótima aparência às superfícies. O acabamento liso e branco permite a pintura muitas vezes sem a necessidade de massa corrida. Ademais, é um material relativamente barato e muito fácil de trabalhar.

O preparo da pasta é bem simples. Não são necessários equipamentos especiais para a mistura. O gesseiro apenas adiciona água num recipiente plástico e mistura o gesso com uma colher de pedreiro, espátula ou misturador mecânico. A pasta final apresenta consistência plástica, fácil de trabalhar, podendo ser moldada em qualquer forma, com um acabamento muito fino.

No entanto, é importante saber que o gesso é solúvel em água. Assim, a pasta de gesso não deve ser aplicada em paredes exteriores pelo fato de não possuir resistência contra a umidade, sendo recomendado apenas para superfícies secas internas.

O gesso é conhecido por endurecer muito rápido depois da adição da água (tempo de pega). Assim, o gesseiro precisa tomar cuidado redobrado para não misturar muito material, devendo misturar apenas a quantidade que consegue aplicar no revestimento antes de a pasta endurecer. Como o gesso é um aglomerante aéreo (endurece pela reação com gás carbônico presente no ar), quanto mais o operário mistura, mais rápida a pasta endurece, visto que terá mais contato com o ar. Assim, deve-se evitar misturar demasiadamente a pasta.

Outra aplicação para a pasta de gesso é a moldagem de peças de gesso com relevo, também chamadas de peças 3D. Essas peças são utilizadas para decoração de paredes de quartos, salas e halls de entrada. A fabricação é tão simples que até pessoas com pouca experiência são capazes de moldar as peças, utilizando formas de silicone e pasta de gesso.

4.5.2 PLACAS DE GESSO

As placas de gesso são muito utilizadas para forros de edificações. As placas de gesso são amarradas ao teto com o auxílio de arames. Esse tipo de técnica facilita a passagem de instalações elétricas e hidráulicas, assim como a realização de projetos modernos de iluminação.

As lâmpadas podem ser facilmente embutidas no forro, criando pontos de luz espaçados que distribuem melhor a claridade, dando ao ambiente um aspecto mais aconchegante e moderno. Em forros de gesso, também é comum a utilização de sancas.

4.5.3 CHAPA DE GESSO ACARTONADO

A chapa de gesso acartonado, algumas vezes chamada apenas de drywall, é um tipo de placa constituída de miolo de gesso aditivado e faces revestidas por papel-cartão. O gesso ajuda com a resistência à compressão e o cartão com a resistência à tração. Essa chapa pode ser utilizada em divisórias internas, forros, revestimento de paredes comuns e mobiliário de edificações residenciais e comerciais.

Embora o termo inglês drywall seja popularmente utilizado como sinônimo da placa de gesso acartonado, esse termo é mais amplo. Ele, na realidade, se refere a uma técnica construtiva largamente empregada nos Estados Unidos há décadas, a qual vem também se popularizando no Brasil nos últimos anos. Em razão da relevância do tema, aprofundaremos mais o assunto no próximo tópico.

Figura 4.8 – Posicionamento de chapa de gesso acartonado.

Fonte: iStockphoto

4.6 DRYWALL

O primeiro pensamento que vem à mente de muitas pessoas sobre construção de paredes de alvenaria é a sujeira gerada, o acúmulo de resíduos e a demora na entrega. Além das famosas paredes fora do prumo que levam uma quantidade enorme de argamassa para correção. No entanto, com o sistema drywall, essa dor de cabeça desaparece.

O termo *drywall* significa literalmente parede seca. Esse nome não é à toa. Ao contrário do sistema construtivo de alvenaria tradicional que utiliza argamassa, o sistema construtivo drywall possibilita uma construção limpa, seca, rápida e com menores desperdícios, com fácil manutenção e remoção futura. É um tipo de construção mais industrializado.

As paredes e os forros de drywall são constituídos por chapas de gesso acartonado aparafusadas a perfis de aço galvanizado. No interior das paredes, também é possível utilizar materiais isolantes, como lã de vidro e rocha, para melhorar o desempenho acústico e térmico.

Figura 4.9 – Drywall possibilita uma obra rápida, limpa e seca.

Fonte: iStockphoto

Figura 4.10 – Processo de instalação dos perfis metálicos.

Fonte: iStockphoto

As chapas podem ser revestidas com qualquer tipo de acabamento.

O drywall também permite a fixação de quadros e objetos leves diretamente nas chapas. Para instalação de objetos mais pesados, como televisões e micro-ondas, é necessário que o projeto preveja reforços no sistema, como a instalação de madeira ou aço entre os montantes nos locais que receberão a carga extra.

As placas de gesso acartonado e os perfis metálicos são muito mais leves que a alvenaria tradicional. Isso facilita o transporte, a instalação e sobrecarrega menos a estrutura.

4.6.1 VANTAGENS E DESVANTAGENS

O sistema construtivo drywall vem conquistando cada vez mais adeptos em razão de suas várias qualidades, resumidas a seguir:

- **Sem quebra-quebra**: é possível passar as fiações elétricas e as tubulações hidráulicas entre as chapas, sem a necessidade de quebrar a parede, como ocorre no sistema tradicional de alvenaria.
- **Obra seca**: a instalação de paredes de drywall é uma obra seca. É uma construção moderna e industrializada que gera poucos resíduos e sujeira, ao contrário do que ocorre na alvenaria tradicional. Isso é particularmente importante em pequenas reformas, como reposicionamento de paredes, visto que não gera grandes incômodos aos usuários da edificação.
- **Manutenção sem mistérios**: a manutenção de paredes de drywall é muito prática e fácil. É possível desmontar e cortar as placas sem maiores trabalhos. Além disso, é possível trocar as instalações elétricas e hidráulicas rapidamente.

Como todo sistema construtivo, o drywall também apresenta desvantagens. A principal delas é o fato de o gesso acartonado não poder ser aplicado em áreas externas; as paredes de drywall só podem ser utilizadas em áreas internas. Assim, as chapas de gesso acartonado não podem também ser aplicadas em áreas que recebem diretamente a ação da água.

Outra desvantagem é a menor resistência ao choque. As placas são menos resistentes ao impacto do que as paredes de alvenaria, embora eventuais furos possam ser reparados facilmente.

Figura 4.11 – O isolamento acústico pode ser aumentado com lã de vidro ou rocha.

Fonte: iStockphoto

4.6.2 TIPOS DE CHAPAS

Na hora de especificar e comprar as placas de gesso acartonado, encontramos três tipos, cada um com uma cor e com características diferentes.

- **Standart (ST)**: é identificada pela cor branca acinzentada. Essa é a placa-padrão e a mais utilizada, sendo indicada para paredes internas e forros. Deve ser sempre empregada em áreas secas, devendo-se evitar contato com a água. É a placa mais barata de todas.
- **Resistente à umidade (RU)**: é identificada pela cor verde. Como o próprio nome informa, essa chapa pode ser usada em ambientes que precisam resistir à umidade, como é o caso de banheiros, áreas de serviço, copas e cozinhas. Embora seja resistente à umidade, essa chapa não deve ter contato direto com a água, como em boxes de banheiro.
- **Resistente ao fogo (RF)**: é indicada pela cor vermelha. Toda chapa de gesso acartonado já apresenta boa resistência ao fogo, porém essa chapa apresenta uma resistência superior.

EXERCÍCIOS DE FIXAÇÃO

A melhor maneira de saber se você aprendeu é **testando sua memória**. Assim, sugiro que você faça os exercícios de fixação **sem consultar a teoria**. Após terminar, revise os pontos que você errou ou não lembrava.

4.1 Julgue as seguintes afirmativas em verdadeiro (V) ou falso (F):

1. ( ) A cal virgem (CaO) é geralmente vendida na forma de grãos grandes, de coloração branca.
2. ( ) O insumo principal do processo de fabricação da cal é obtido a partir das rochas calcárias ($CaCO_3$).
3. ( ) A cal virgem pode ser aplicada de forma direta na obra.
4. ( ) Um problema adicional da utilização da cal virgem no canteiro de obra é que a reação é bem rápida.
5. ( ) A cal hidratada é um aglomerante hidráulico.
6. ( ) O gesso é um produto essencial para a produção do cimento Portland, controlando seu tempo de endurecimento.
7. ( ) A gipsita apresenta composição química chamada de sulfato de cálcio tri-hidratado ($CaSO_4.3H_2O$) – isso indica que, para cada molécula de sulfato de cálcio, temos três moléculas de água.
8. ( ) O gesso é solúvel em água. Assim, a pasta de gesso não deve ser aplicada em paredes exteriores pelo fato de não possuir resistência contra a umidade.
9. ( ) O gesso é um aglomerante aéreo (endurece pela reação com gás carbônico presente no ar).
10. ( ) O drywall permite a fixação de objetos leves diretamente nas chapas. Para a instalação de objetos mais pesados, como televisões, é necessário que o projeto preveja reforços no sistema.
11. ( ) No sistema drywall, para passar as fiações elétricas e tubulações hidráulicas entre as chapas, é necessário quebrar a parede.
12. ( ) O gesso acartonado pode ser aplicado em áreas externas.

4.2 Complete as frases a seguir:

1. Aglomerante é qualquer material que tenha propriedades ________ e ________ e que seja capaz de unir partículas entre si, formando um todo compacto.

2. Os aglomerantes ________ são aqueles que se unem a outros materiais sem que seja necessária reação química. Como exemplos, temos ________ e ________.

3. Os aglomerantes ________ são aqueles que reagem e formam novos compostos. Como ________ e ________.

4. Atualmente, existem três tipos de cal comercializados: ________, ________ e ________.

5. A hidratação da cal virgem pode ser efetuada na própria obra ou na indústria. Quando ocorre na obra, chamamos de cal ________. Quando ocorre na usina industrial, o produto é vendido como cal ________.

6. A cal hidratada pode ser classificada, segundo o seu grau de pureza, em três tipos distintos: ________, ________ e ________.

7. O gesso é produzido a partir da ________, um mineral abundante na natureza.

8. Nas placas de gesso acartonado, o gesso ajuda com a resistência à ________ e o cartão com a resistência à ________.

9. As paredes e os forros de drywall são constituídos por chapas de ________ aparafusadas a perfis de ________.

10. Existem três tipos de chapas de gesso acartonado: ________, ________ e ________.

CAPÍTULO 5

Cimento Portland

Figura 5.1 – Cimento Portland.

Os antigos romanos provavelmente foram os primeiros a empregar concretos confeccionados a partir de cimentos hidráulicos. No entanto, durante um grande período, esses cimentos ficaram em desuso, até que, em 1824, o construtor inglês Joseph Aspdin inventou e patenteou o cimento Portland. Neste capítulo, apresentaremos um pouco sobre esse importante material.

5.1 CONSUMO DE CIMENTO

O cimento Portland, atualmente, é o mais importante aglomerante empregado no mundo. Ele é utilizado em praticamente todas as construções. Nas edificações, o cimento está presente desde a fundação até o acabamento. Para se ter uma noção do quanto é consumido de cimento, observe a Figura 5.2. Em 2013, o Brasil era o quinto maior produtor e consumidor de cimento do mundo. Esse número varia ano a ano, mas é possível ter uma noção do tamanho da nossa indústria de cimento.

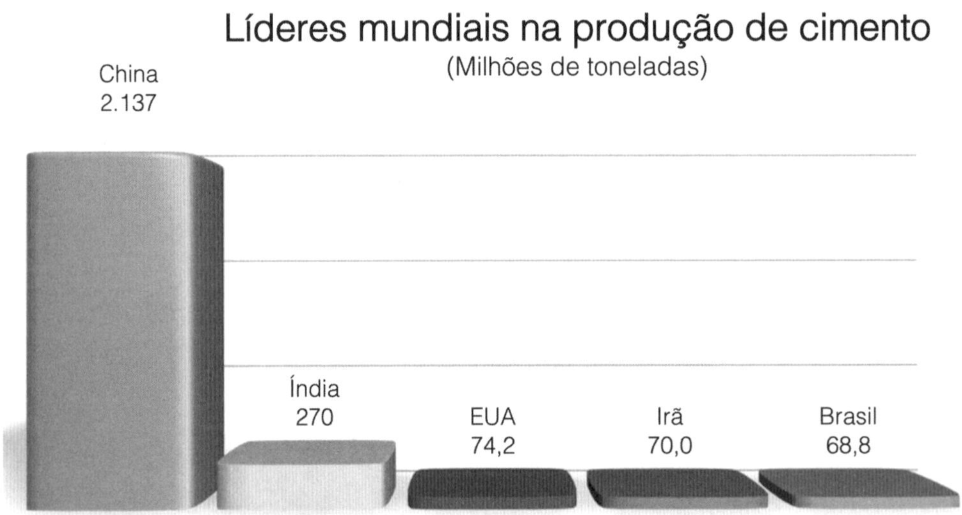

Figura 5.2 – A produção de cimento Portland em 2013.

Fonte: dados SNIC (2013)

5.2 FABRICAÇÃO

A produção do cimento é um processo interessante. Suas matérias-primas básicas são rochas calcárias, argila e minério de ferro. Após a extração, essas matérias são transportadas para a fábrica, onde são armazenadas e homogeneizadas. Na sequência, o material é moído, resultando em um material muito fino chamado cru. Esse nome se deve ao fato de, nesta fase, o material ainda não ter sido conduzido ao forno, ou seja, ainda não ter sido "cozido".

O cru preaquecido é levado a um forno rotativo. No interior do forno, a temperatura do material é gradualmente aumentada até cerca de 1.450 °C. Quando a mistura se funde, forma um novo material, **clínquer**.

Figura 5.3 – A fabricação do cimento exige um complexo industrial de grande porte.

Fonte: Canstock

O clínquer é o componente básico de qualquer cimento Portland. É ele que possibilita o endurecimento e o ganho de resistência do cimento quando em contato com a água.

Figura 5.4 – Clínquer.

Fonte: Tashkoskim/Wikimedia

Após o resfriamento, é adicionada uma pequena quantidade de gesso ao clínquer para controlar o tempo de enrijecimento (tempo de pega). Em seguida, a mistura é novamente moída. Assim, é produzido o cimento Portland comum ("puro").

Para a formação dos demais tipos de cimento Portland, podem ser adicionadas outras matérias-primas: escória de alto-forno (resíduo da fabricação do aço), materiais carbonáticos (*fillers*) e materiais pozolânicos. Os tipos de cimento serão descritos no final deste capítulo.

A Figura 5.5 apresenta um esquema que sintetiza o processo de fabricação do cimento Portland.

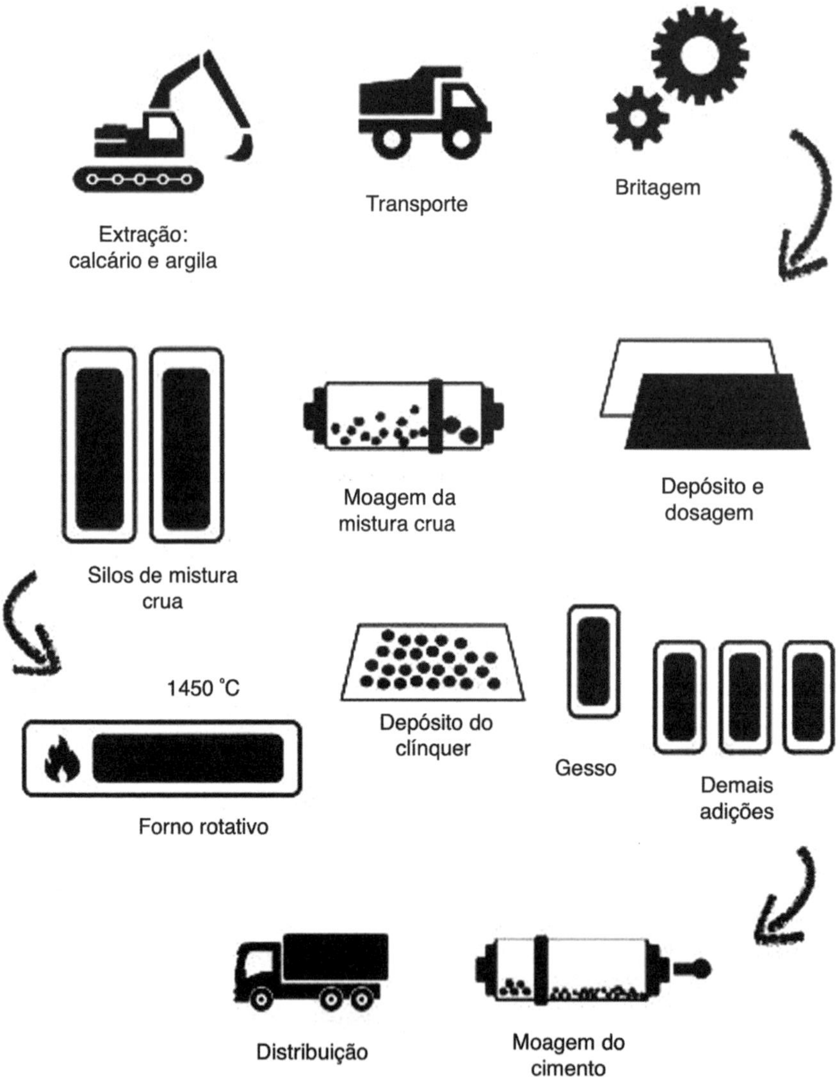

Figura 5.5 – Esquema simplificado da fabricação do cimento Portland.

5.3 CARACTERIZAÇÃO

A qualidade do cimento Portland é fundamental para a produção de boas argamassas e concretos. Desse modo, é importante que você entenda bem as principais propriedades desse material.

5.3.1 COMPOSIÇÃO QUÍMICA E HIDRATAÇÃO DO CIMENTO

O cimento seco não consegue unir os agregados. Ele adquire essa característica de coesão quando é misturado à água. Essa reação é denominada de hidratação. Guarde bem este nome. À medida que o cimento vai sendo hidratado, o material começa a se transformar em novos compostos químicos.

Os compostos hidratados formam agulhas e cristais. Esses componentes proporcionam o enrijecimento (solidificação) e o ganho de resistência gradual da pasta de cimento. A mistura de cimento e água evolui de um material pastoso, quase fluido, para um material sólido ao longo de pouco tempo. Esse processo de solidificação fica mais claro ao observar o esquema da Figura 5.6.

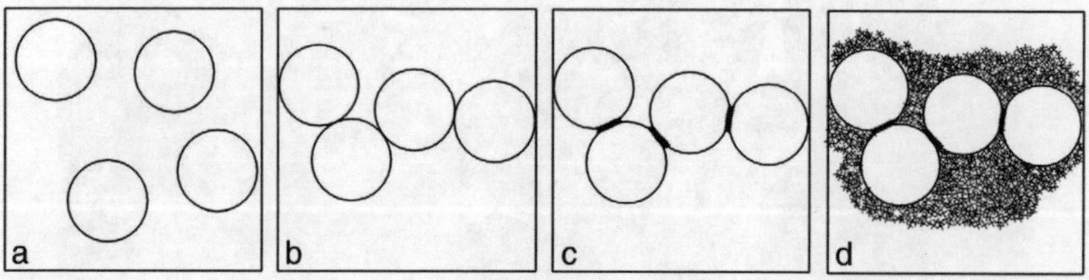

Figura 5.6 – Etapas de hidratação do cimento: (a) partículas dispersas; (b) contato entre as partículas; (c) formação de hidratos nos contatos entre as partículas; (d) precipitação de hidratos no espaço entre as partículas.

Fonte: Formentin *et al*. (2015)

Conforme você pode ver, a Figura 5.6 esquematiza de forma bem didática quatro diferentes estágios de evolução da hidratação do cimento. A primeira etapa de hidratação (a) ocorre logo após a preparação da mistura, quando as partículas de cimento ainda estão bem dispersas na água. Nesse momento, nós conseguimos misturar e espalhar a pasta sem maiores dificuldades. Na sequência, na etapa (b), ocorre um leve rearranjo das partículas de cimento. Pouco tempo depois, na etapa (c), as partículas começam a ter pontos de contato, fazendo com que a mistura fique um pouco mais rígida. Com o decorrer do tempo, etapa (d), a hidratação avança de forma progressiva, preenchendo os espaços entre os grãos, endurecendo a pasta. Com esse enrijecimento da pasta, não conseguimos mais misturar e espalhar o material. Comentaremos mais sobre como isso pode ser avaliado no item 5.3.2, que trata da pega do cimento.

Para você entender melhor como funciona esse processo, é importante que conheça um pouco da composição do cimento seco e como esses componentes interferem no processo de hidratação e ganho de resistência.

Os quatro principais compostos do cimento seco (cimento anidro) e suas abreviaturas são: silicato tricálcico (C_3S), silicato dicálcico (C_2S), aluminato tricálcico (C_3A) e ferroaluminato tetracálcico (C_4AF). Os silicatos C_3S e C_2S também são conhecidos como alita e belita, respectivamente.

A Figura 5.7 mostra uma fotomicrografia do clínquer, observado ao microscópico polarizador de luz invertida, ilustrando com nitidez as diferenças de dimensões entre de seus vários componentes. Já a Figura 5.8 apresenta os detalhes da morfologia dos mesmos compostos quando visualizados no microscópico eletrônico de varredura.

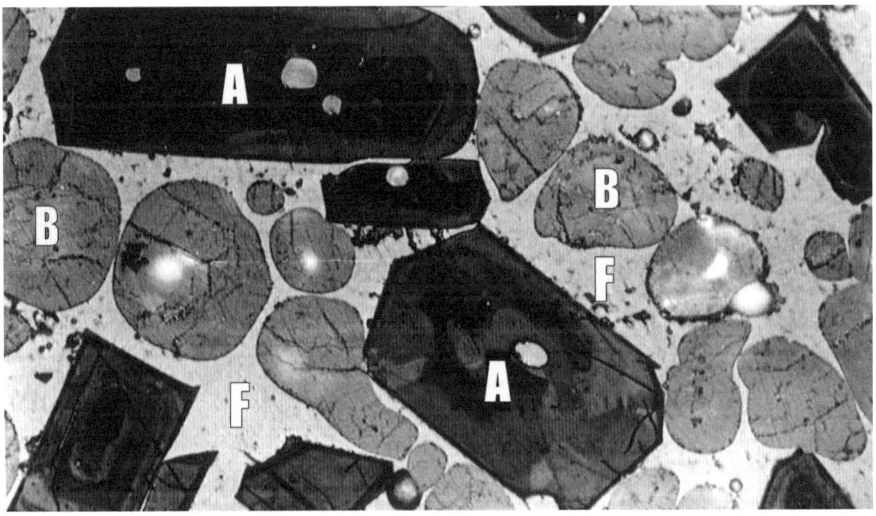

Figura 5.7 – Composição microscópica do clínquer: A = alita (C_3S); B = belita (C2S); F = fase intersticial (C_3A e C_4AF).

Fonte: adaptada de Zampiere (1993)

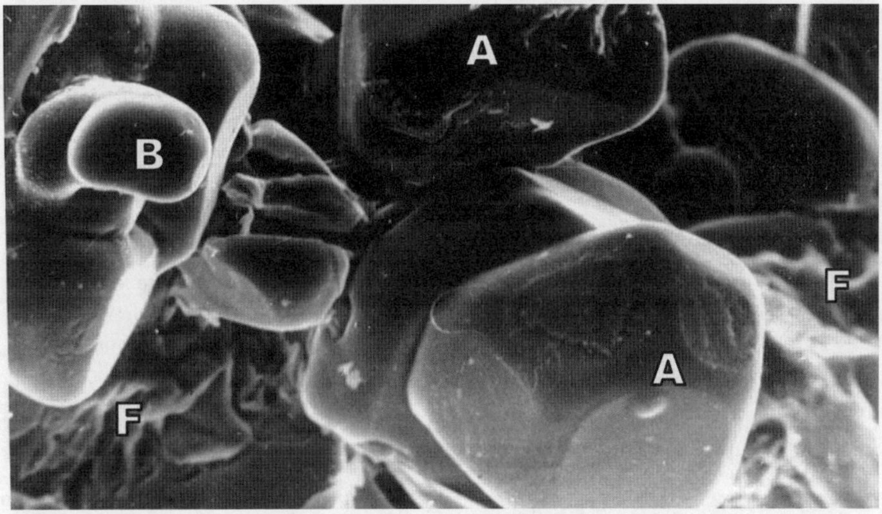

Figura 5.8 – Composição microscópica do clínquer: A = alita (C_3S); B = belita (C2S); F = fase intersticial (C_3A e C_4AF).

Fonte: adaptada de Zampiere (1993)

É importante que você saiba que os silicatos C_3S e C_2S são os compostos mais importantes na composição do cimento, visto que são os maiores responsáveis pelo ganho de resistência do cimento hidratado ao longo do tempo. Observa-se que a alita (C_3S) se hidrata mais rápido que a belita (C_2S).

Já a presença de C_3A não contribui significativamente com o ganho de resistência do cimento hidratado, exceto no início do processo. Nas primeiras idades, a reação do C_3A com a água é muito rápida e resultaria num endurecimento instantâneo, o que é prevenido pela adição de gesso ao clínquer durante a fabricação do cimento. Mesmo assim, a reação do C_3A ainda é mais rápida do que a dos outros dois silicatos de cálcio (Neville, Brooks, 2013).

O quadro a seguir sintetiza os principais produtos químicos do clínquer e as suas propriedades.

Quadro 5.1 – Principais produtos químicos do clínquer e suas propriedades

Compostos	Fórmula química e (proporção no clínquer)	Abreviação	Propriedades específicas decorrentes dos compostos do clínquer
Silicato tricálcico	$3CaO.SiO_2$ (50 a 65%)	C_3S	Endurecimento rápido. Alto calor de hidratação.
Silicato dicálcico	$2CaO.SiO_2$ (15 a 25%)	C_2S	Endurecimento lento. Baixo calor de hidratação. Baixa resistência inicial.
Aluminato tricálcico	$3CaO.Al_2.O_3$ (6 a 10%)	C_3A	Pega muito rápida controlada com adição de gesso. Suscetível ao ataque de sulfatos. Alto calor de hidratação, alta retração e baixa resistência final.
Ferro aluminato tetracálcico	$4CaO.Al_2.O_3$ Fe_2O_3 (3 a 8 %)	C_4AF	Endurecimento lento, resistente a meio sulfatados, não tem contribuição para resistência, cor escura.
Cal livre	CaO (0,5 a 1,5%)	C	Aceitável somente em pequenas quantidades; em maiores quantidades, causa aumento de volume e fissuras.

Fonte: adaptado de Ribeiro, Pinto e Starling (2011)

Como dissemos, a hidratação do cimento gera novos compostos químicos. Alguns produtos de dessa hidratação são o silicato de cálcio hidratado (C-S-H), hidróxido de cálcio, também chamado de Portlandita (CH), etringita (E). Esses componentes podem ser observados na Figura 5.9. Ela ilustra o aspecto microscópico da pasta de cimento após três dias da mistura com a água.

Algumas pessoas, quando não têm formação técnica, acreditam que o cimento endurece e ganha resistência pela secagem da água, mas vimos que isso não é verdade. Se a água secasse completamente, o cimento não hidrataria e, consequentemente, não ganharia resistência.

A reação de hidratação do cimento é um processo exotérmico, isto é, quando a água entra em contato com o cimento ocorre a liberação de calor. Quando em excesso, esse calor pode acarretar sérios problemas, como trincas e fissuras de origem térmica. No entanto, isso ocorre de maneira mais pronunciada em peças de grande volume, como em blocos de fundações e barragens. Nesses casos, devem ser tomadas medidas para controlar a temperatura da mistura durante a concretagem, por exemplo, usar gelo na mistura e concretar à noite.

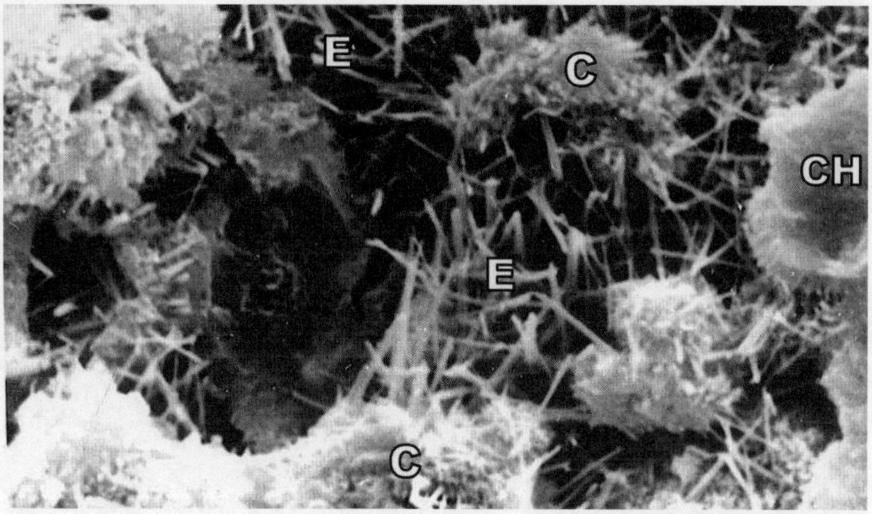

Figura 5.9 – Microtextura de uma pasta de cimento hidratada após 3 dias de reação. Veja a "trama" estabelecida pelos cristais de etringita (E) e as partículas de cimento (C), recobertas por uma fina película de C-S-H, CH (hidróxido de cálcio).

Fonte: adaptada de Zampieri (1993)

5.3.2 PEGA

Quando adicionamos água ao cimento, a pasta fica numa consistência relativamente fluida, fácil de misturar e moldar. Com o decorrer do tempo, a água de amassamento é utilizada para a formação dos cristais. Conforme você viu no tópico anterior, com a reação química de hidratação, a pasta começa a se enrijecer e solidificar. O termo **pega** se refere exatamente ao processo de solidificação da pasta de cimento.

O início dessa solidificação é denominado de **tempo de início de pega**, marcando o ponto em que a pasta deixa de ser trabalhável.

A solidificação completa não ocorre de maneira imediata. O tempo que demora para a pasta se solidificar completamente é chamado de **tempo de fim de pega**. Ao final da pega, a pasta de cimento está solida, porém ainda apresenta baixa resistência.

5.3.2.1 Importância da pega

A determinação dos tempos de início e fim de pega é fundamental para sabermos quanto tempo temos para trabalhar com produtos à base de cimento após a adição de água.

Nunca se esqueça de que as operações de lançamento, adensamento e acabamento do concreto sempre devem ser concluídas antes do momento em que ocorre o início de pega. Já após o fim de pega, é possível iniciar a cura de concreto. Você aprenderá mais sobre a cura do concreto no Capítulo 8.

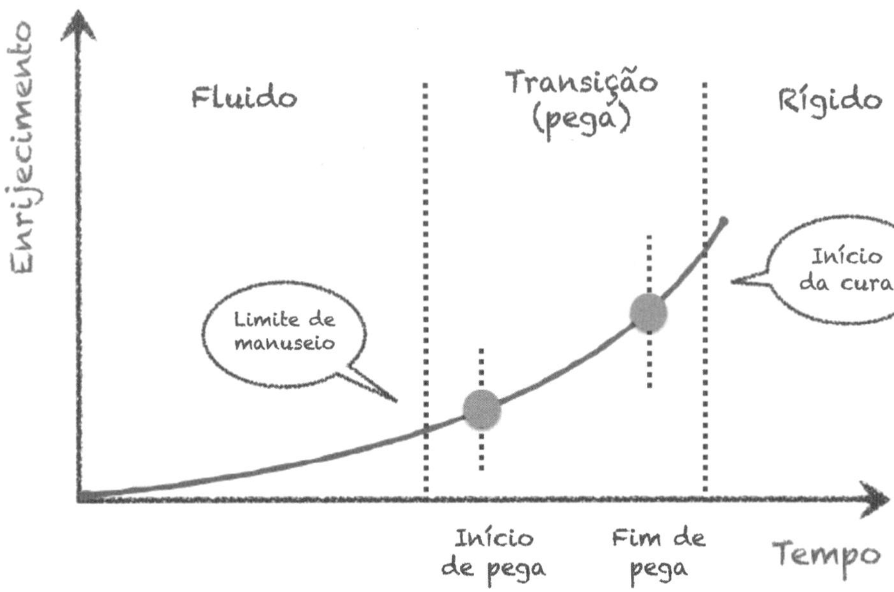

Figura 5.10 – Enrijecimento da pasta de cimento em relação ao tempo.

Fonte: adaptada de Mehta e Monteiro (2008)

5.3.2.2 Exemplo do que não fazer

Utilizar o concreto após o início da pega é um erro grave. Algumas pessoas adicionam mais água no concreto depois da pega na tentativa de "ressuscitar" a mistura. Essa prática compromete totalmente a qualidade, a resistência e a durabilidade do material.

Para ilustrar, conto aqui um caso que aconteceu com um colega. Ele encomendou de uma concreteira um concreto de 40 MPa para ser utilizado na confecção de uma laje de um edifício de alto padrão. No entanto, após 28 dias da concretagem, recebeu a infeliz notícia que o concreto tinha alcançado apenas 14 MPa. A resistência foi tão baixa que o engenheiro calculista recomendou a demolição da laje. O que aconteceu? Quem foi o responsável?

Neste caso, a culpa foi do motorista do caminhão-betoneira. Ele estava atrasado para entregar o concreto porque pegou um trânsito acima do normal. Para disfarçar o enrijecimento (pega) e evitar a recusa do caminhão na chegada à obra, o motorista adicionou mais água no tambor do caminhão.

Essa imprudência custou um alto preço à concreteira, que teve de arcar com o custo de demolição e de reconstrução da laje.

5.3.2.3 Ensaio para determinação dos tempos de início e fim de pega

Os tempos de início e fim de pega são determinados por meio do aparelho de Vicat. Esse aparelho "mede" a resistência de uma pasta de cimento de consistência-padrão à penetração de agulhas de dimensões padronizadas.

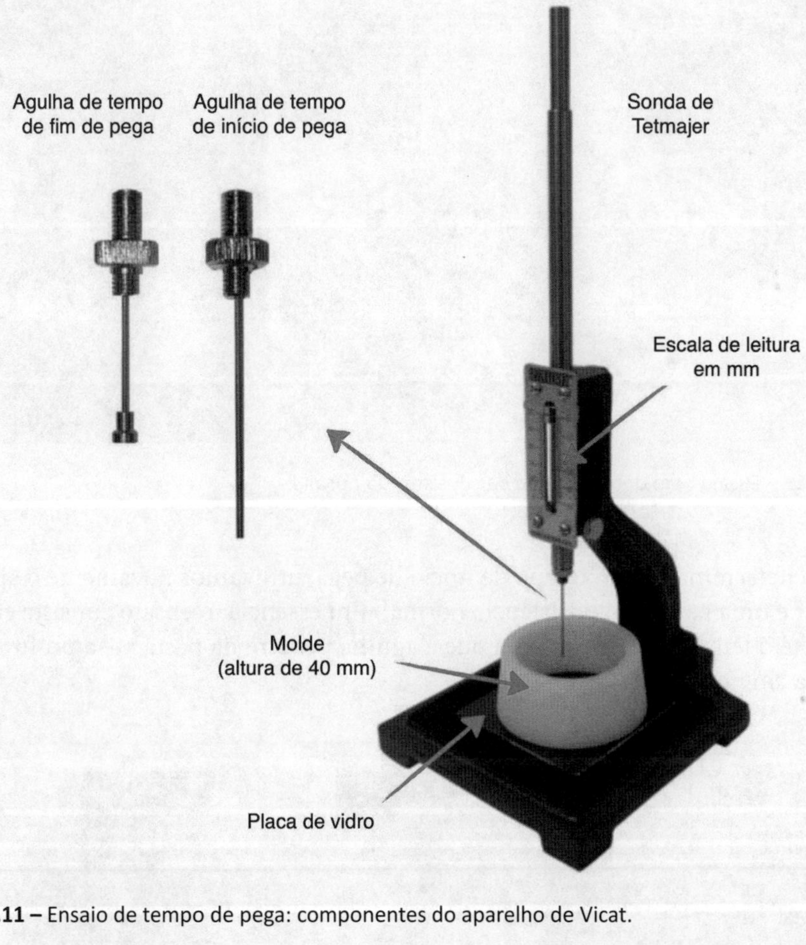

Figura 5.11 – Ensaio de tempo de pega: componentes do aparelho de Vicat.

Previamente à determinação do tempo de pega, precisamos fazer um ensaio para determinar qual é o teor de água que devemos adicionar ao cimento para alcançar a chamada "consistência normal". Esse procedimento é feito com o mesmo aparelho de Vicat, porém utilizamos a sonda de Tetmajer. A massa de cimento é determinada por norma (500 g). Já a massa de água precisamos descobrir por meio de tentativa e erro.

A pasta é considerada como tendo consistência normal quando a sonda estaciona a uma distância de 6 ± 1 mm da placa-base após 30 segundos do momento em que foi solta. Caso você não consiga obter o resultado, é preciso começar tudo novamente –

ou seja, misturar uma nova quantidade de água a 500 g de cimento. Isso deve ser repetido quantas vezes forem necessárias até alcançar que a sonda estacione na posição correta. Lembre-se de que não é permitido efetuar mais de uma medida na mesma pasta. Os detalhes do procedimento podem ser vistos na NBR 16606/2018 (Cimento Portland - Determinação da pasta de consistência normal).

Figura 5.12 – Ensaio para determinação da consistência normal.

Para determinarmos o tempo de início de pega, utilizamos novamente o aparelho de Vicat e uma pasta de consistência normal. Em essência, o ensaio consiste em anotar qual é o tempo necessário para que a agulha penetre na pasta até a profundidade definida em norma.

Figura 5.13 – Ensaio para determinação do tempo de início de pega. Esquerda: antes de realizar a leitura, descer a agulha até a placa base para zerar o indicador; direita: são necessárias várias tentativas até conseguir determinar o tempo de início de pega – veja a quantidade de furos.

Pouco tempo depois, devemos determinar o tempo de fim de pega. Isso é feito trocando a agulha do aparelho de Vicat.

Os tempos de pega são contados a partir da adição de água no cimento, sendo arbitrados no Brasil segundo a Norma ABNT NBR 16607/2018 (Cimento Portland – Determinação dos tempos de pega):

- **Tempo de início de pega**: tempo decorrido até o momento em que a agulha do aparelho de Vicat consegue penetrar e estaciona a 6 ± 2 mm da placa-base, em condições normalizadas de ensaio.
- **Tempo de fim de pega**: tempo contado desde a adição de água até o momento em que a agulha penetra apenas 0,5 mm na superfície da pasta, ou seja, só faz um leve risco.

Por requisito normativo, todos os cimentos devem ter início de pega superior a uma hora (ABNT NBR 16697: 2018 – Cimento Portland – Requisitos).

5.3.3 RESISTÊNCIA

A resistência do cimento cresce ao longo do tempo em função do progresso da reação de hidratação dos grãos de cimento. À medida que os espaços vazios na pasta vão sendo preenchidos pelo produto da hidratação, a porosidade diminui e a resistência aumenta.

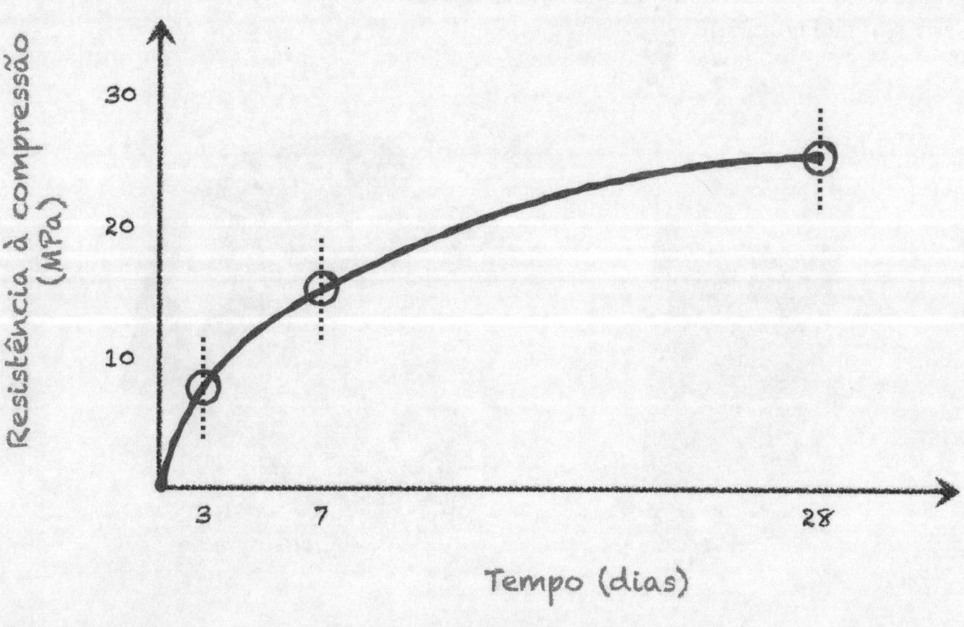

Figura 5.14 – Exemplo de curva de resistência à compressão (MPa) do cimento em relação ao tempo (dias). Os valores são apenas ilustrativos, visto que variam conforme o tipo de cimento.

O processo de hidratação pode durar meses a anos para se completar. No entanto, com um mês, a resistência já está próxima de sua máxima. Assim, para classificar os cimentos e os concretos foi escolhida a idade de 28 dias (4 semanas).

5.3.3.1 Ensaio de determinação da resistência

A resistência do cimento à compressão é avaliada por meio da moldagem de corpos de prova de uma argamassa normalizada com características definidas pela ABNT NBR 7215/2019.

A pasta de cimento pura não é avaliada em função da dificuldade de obtenção de corpos de prova adequados. A argamassa normalizada apresenta o traço padronizado: 1:3:0,48. Ou seja, para cada parte de cimento, são acrescentadas 3 partes de areia e 0,48 parte de água.

Uma curiosidade é que a areia utilizada por todos os laboratórios nacionais deve ser proveniente da mesma fonte e do mesmo fornecedor. Como querermos testar a resistência do cimento, temos de padronizar as características da areia. Se cada um utilizasse uma areia diferente, não poderíamos comparar os resultados da resistência do cimento. No Brasil, essa areia normalizada é fornecida unicamente pelo Instituto de Pesquisas Tecnológicas de São Paulo (IPT).

A argamassa é preparada em um misturador mecânico e deve ser moldada em corpos de prova cilíndricos de 50 mm de diâmetro por 100 mm de altura. O processo manual envolve colocar argamassa no molde em 4 camadas, cada uma recebendo 30 golpes de soquete distribuídos de forma uniforme. O corpo de prova e o molde podem ser vistos na Figura 5.15.

Figura 5.15 – O ensaio de resistência do cimento é realizado com corpos de prova cilíndricos de 5 cm de diâmetro por 10 cm de altura.

Os corpos de prova devem ser levados à pressa para serem rompidos nas idades especificadas.

A resistência de cada corpo de prova é dada pela divisão da força de ruptura pela área da seção transversal. O resultado é dado em MPa.

Os detalhes do procedimento devem ser consultados na referida norma ABNT NBR 7215/2019 (Cimento Portland - Determinação da resistência à compressão de corpos de prova cilíndricos).

5.3.3.2 Relação a/c

A relação água/cimento (a/c) é a proporção da divisão da massa de água pela massa de cimento. Por exemplo, se a relação a/c for igual a 0,40, significa que para cada 100 kg de cimento serão adicionados 40 kg de água.

Para hidratar o cimento, é necessária uma relação água/cimento de cerca de 0,35. No entanto, com essa relação a pasta fica muito difícil de trabalhar. Assim, é comum utilizarmos uma relação a/c maior.

A água não utilizada na hidratação do cimento evapora e deixa no seu lugar espaços vazios (bolhas de ar). Esses vazios reduzem significativamente a resistência. A Figura 5.16 ilustra bem isso. No Capítulo 6, comentaremos mais detalhes sobre esse importante parâmetro.

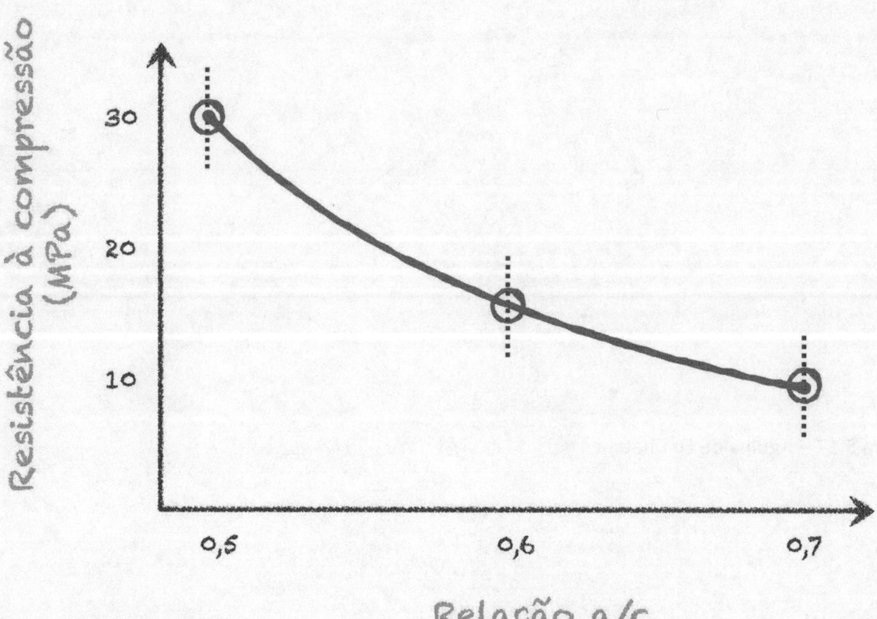

Figura 5.16 – Exemplo ilustrativo de curva de Abrams. Quanto maior a relação água/cimento, menor será a resistência e a durabilidade. Os valores variam conforme o tipo de cimento.

5.3.4 EXPANSIBILIDADE

O cimento Portland não deve expandir de forma significativa após o enrijecimento da pasta (pega). Se expandisse muito, poderíamos ter sérios problemas nas estruturas, com o aparecimento de trincas e fissuras.

A expansão pode ser avaliada em laboratório utilizando a agulha Le Chatelier e uma pasta de cimento de consistência normal que vimos quando comentamos sobre pega do cimento. A agulha é basicamente um cilindro metálico fendido com 3 cm de diâmetro por 3 cm de altura. Nas fendas, temos duas hastes de 15 cm.

A expansibilidade é avaliada a quente ou frio. A média do afastamento das extremidades das agulhas/hastes, em milímetros, de três determinações corresponde ao resultado do ensaio.

A Figura 5.17 ilustra o ensaio, sendo possível visualizar: (A) o preenchimento das agulhas de Le Chatelier com pasta de consistência normal; (B) as agulhas preenchidas; (C) as agulhas do ensaio de expansibilidade a frio; e (D) as agulhas do ensaio de expansibilidade a quente.

Figura 5.17 – Agulha de Le Chatelier.

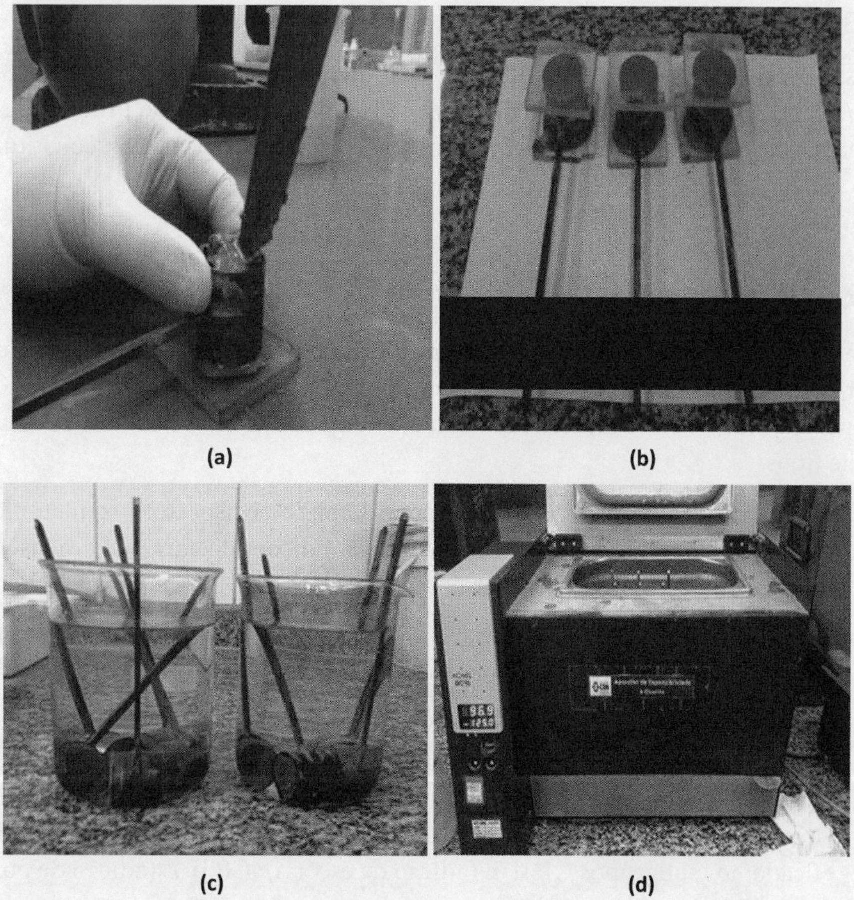

Figura 5.18 – Ensaio de expansibilidade Le Chatelier.

Fonte: adaptada de Zago (2015)

Os detalhes do procedimento podem ser conferidos na norma ABNT NBR 11582/2016 (Cimento Portland - Determinação da expansibilidade de Le Chatelier).

5.3.5 FINURA

A finura do cimento influencia em diversas propriedades dele. Quanto mais fino for o cimento, mais ligeira será a reação e, consequentemente, mais rápido será o endurecimento, o ganho de resistência e a geração de calor.

Uma das formas de avaliar a finura é por meio do percentual de massa retida na peneira n. 200 (malha de 0,075mm) por meio do ensaio de peneiramento.

Os detalhes do procedimento podem ser conferidos na norma ABNT NBR 11579:2012 (Cimento Portland — Determinação do índice de finura por meio da peneira 75 μm - n. 200).

5.3.6 MASSA ESPECÍFICA

A massa específica do cimento Portland usualmente apresenta valores entre 3,10 e 3,15 g/cm^3. É um parâmetro muito útil para cálculos de consumo do produto, principalmente nas misturas feitas com base nos volumes específicos dos constituintes (Zago, 2015).

5.4 TIPOS DE CP

O cimento Portland (CP) puro é uma mistura apenas de clínquer e gesso. Com o passar do tempo, por questões econômicas e buscando um melhor desempenho, foram incorporados outros materiais à fórmula original, proporcionando uma variedade de tipos.

O tipo de cimento deve ser escolhido considerando-se aspectos arquitetônicos e executivos, o calor de hidratação do cimento, as condições de cura, as dimensões da estrutura, as condições de exposição etc.

- **CP I (cimento Portland comum):** foi o primeiro cimento Portland produzido no Brasil. Ele é um tipo de cimento praticamente puro, ou seja, em regra, apresenta poucas adições. Atualmente, é pouco utilizado.
- **CP II (cimento Portland composto):** é um cimento comum modificado por meio de adições. Pode ser aplicado em todas as fases da construção. É o tipo de cimento mais vendido no Brasil. De acordo com a adição, pode ser classificado nos subgrupos CP II-E (adição de escória); CP II-Z (adição de pozolana); CP II-F (adição de *filler*).
- **CP III (cimento Portland de alto-forno):** é formado com maior teor de escória de alto-forno do que o CP II-E. A escória torna o cimento menos poroso, mais durável e reduz o seu calor de hidratação. O seu uso é especialmente vantajoso para a confecção de concretos expostos a ambientes agressivos, como instalações de esgoto e locais onde ocorre chuva ácida. Em função do menor calor de hidratação, também é recomendado para concretagem de grandes volumes, como blocos de fundação e barragens.
- **CP IV (cimento Portland pozolânico):** apresenta um alto teor de materiais pozolânicos, bem superior ao constante no CP II-Z. O CP IV apresenta vantagens similares ao CP-III.
- **CP-V-ARI (cimento Portland de alta resistência inicial):** tem uma textura mais fina e reage mais rápido com a água, adquirindo resistência com maior velocidade. É recomendado para confecção de peças e estruturas que precisam de desforma rápida, como peças pré-moldadas. No entanto, em função da maior geração de calor de hidratação, pode provocar um maior índice de fissuras e trincas, principalmente em dias quentes e secos.

- **CP B (cimento Portland branco):** o CP-B, como o próprio nome diz, tem uma coloração branca. Isso se deve ao menor teor de minério de ferro presente em sua composição. É indicado para fins estéticos em concretos aparentes. Pode ser encontrado nas subclasses estrutural e não estrutural.
- **CP RS (cimento Portland resistente a sulfato):** os cimentos citados anteriormente podem ser modificados para oferecerem maior resistência aos meios agressivos sulfatados, como redes de esgotos ou industriais e água do mar. Neste caso, adiciona-se o sufixo RS (resistente a sulfato) na sigla do cimento, por exemplo, CP III-RS.

A Figura 5.19 ilustra as propriedades dos tipos de cimento quanto a resistência nos primeiros dias; resistência final; calor gerado com a reação do cimento; resistência aos agentes agressivos; e durabilidade.

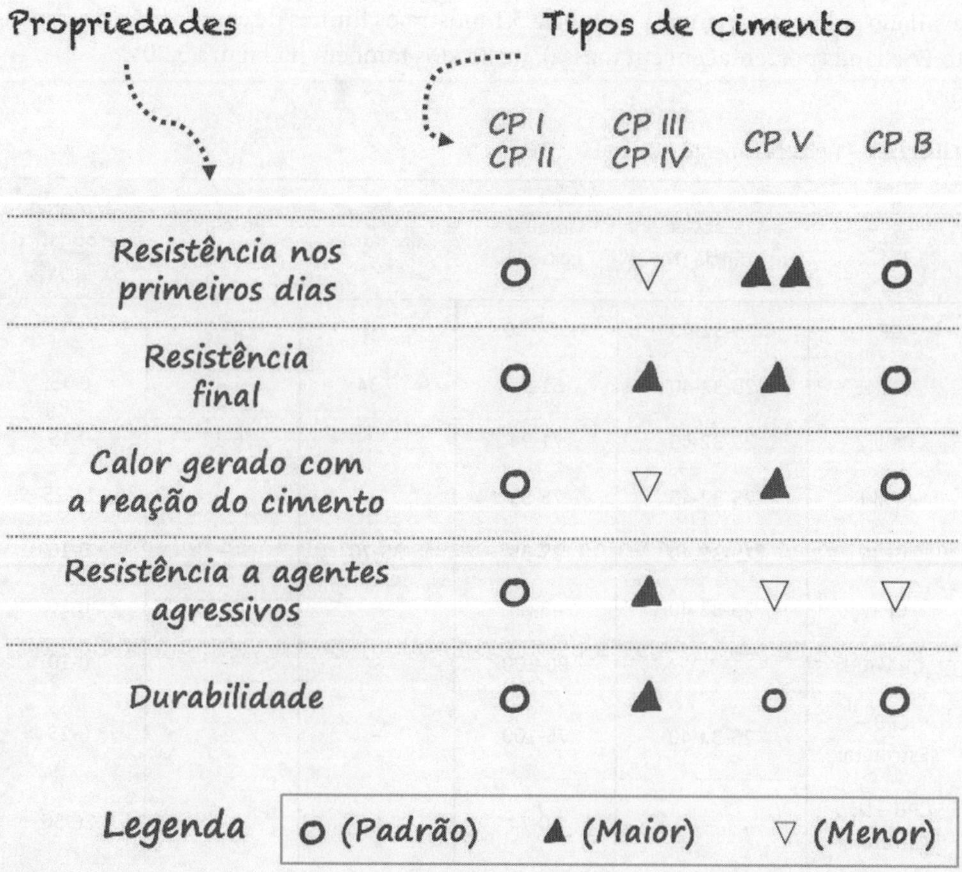

Figura 5.19 – Comparação entre os tipos de cimento Portland.

É importante que você saiba que escórias são subprodutos da produção do ferro-gusa, resultantes do tratamento do minério de ferro no alto-forno, obtidas de forma granulada por resfriamento brusco, sendo constituídas em sua maior parte de silicatos e aluminossilicatos de cálcio. Já os materiais pozolânicos podem ser definidos como os materiais silicosos ou silicoaluminosos, que por si só possuem pouca ou nenhuma atividade hidráulica, mas que, quando divididos de forma fina e na presença de água, reagem com o hidróxido de cálcio para formar compostos com propriedades cimentantes (ABNT NBR 16697: 2018).

5.4.1 LIMITES DE COMPOSIÇÃO E CLASSES DE RESISTÊNCIA

Com base no ensaio de resistência à compressão, podemos definir a classe de resistência do cimento aos 28 dias de idade.

Os cimentos CP I a CP IV podem ser obtidos nas classes de 25, 32 e 40 MPa. Já o CP V-ARI é o único que não é classificado conforme sua resistência aos 28 dias, sendo avaliado em idades menores. A Tabela 5.1 mostra os limites de composição do cimento Portland (porcentagem em massa), ilustrados também na Figura 5.20.

Tabela 5.1 – Tipos de cimento Portland

Tipo	Classes de resistência (MPa)	Clínquer + gesso (%)	Escória de alto-forno (%)	Pozolana (%)	Material carbonático (*filler*) (%)
CP I	25-32-40	95-100		0 - 5	
CP II -E	25-32-40	51-94	6-34	–	0-15
CP II-Z	25-32-40	71-94	–	6-14	0-15
CP II-F	25-32-40	75-89	–	–	11-25
CP III	25-32-40	25-65	35-70	–	0-10
CP IV	25-32-40	45-85	–	15-50	0-10
CP V-ARI	*	90-100	–	–	0-10
CPB – Estrutural	25-32-40	75-100	–	–	0-25
CPB – Não Estrutural	–	50-74	–	–	26-50

*Obs.: o CP V deve apresentar resistência na idade de 1 dia igual ou maior que 14 MPa.

Fonte: adaptada de ABNT NBR 16697: 2018 (Cimento Portland – Requisitos)

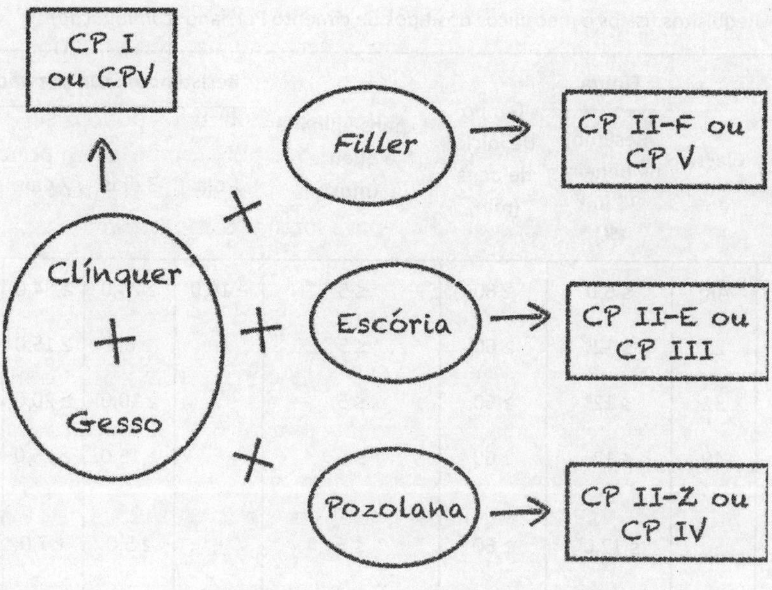

Figura 5.20 – Esquema simplificado dos principais componentes de cada tipo de cimento.

5.4.2 REQUISITOS FÍSICOS E MECÂNICOS

A norma ABNT NBR 16667/2018 também estabelece uma série de requisitos físicos e mecânicos que os diversos tipos de cimento devem atender, conforme pode ser visto na Tabela 5.2.

Tabela 5.2 – Requisitos físicos e mecânicos dos tipos de cimento Portland

Sigla[a]	Classe	Finura: Resíduo na peneira 75 µm (%)	Tempo de início de pega (min)	Expansibilidade a quente (mm)	Resistência à compressão (MPa): 1 dia	3 dias	7 dias	28 dias
CP I CP I-S CP II-E CP II-F CP II-Z	25	≤ 12,0	≥ 60	≤ 5	–	≥ 8,0	≥ 15,0	≥ 25,0
	32	≤ 12,0	≥ 60	≤ 5	–	≥ 10,0	≥ 20,0	≥ 32,0
	40	≤ 10,0	≥ 60	≤ 5	–	≥ 15,0	≥ 25,0	≥ 40,0
CP III CP IV	25	≤ 8,0	≥ 60	≤ 5	–	≥ 8,0	≥ 15,0	≥ 25,0
	32	≤ 8,0	≥ 60	≤ 5	–	≥ 10,0	≥ 20,0	≥ 32,0
	40	≤ 8,0	≥ 60	≤ 5	–	≥ 12,0	≥ 23,0	≥ 40,0

(*continua*)

Tabela 5.2 – Requisitos físicos e mecânicos dos tipos de cimento Portland (*continuação*)

Sigla[a]	Classe	Finura – Resíduo na peneira 75 µm (%)	Tempo de início de pega (min)	Expansibilidade a quente (mm)	Resistência à compressão (MPa) – 1 dia	3 dias	7 dias	28 dias
CP V	ARI	≤ 6,0	≥ 60	≤ 5	≥ 14,0	≥ 24,0	≥ 34,0	–
CPB Estrutural[c]	25	≤ 12[b]	≥ 60	≤ 5		≥ 8,0	≥ 15,0	≥ 25,0
	32	≤ 12[b]	≥ 60	≤ 5		≥ 10,0	≥ 20,0	≥ 32,0
	40	≤ 12[b]	≥ 60	≤ 5		≥ 15,0	≥ 25,0	≥ 40,0
CPB Não Estrutural[d]	–	≤ 12,0[b]	≥ 60	≤ 5	–	≥ 5,0	≥ 7,0	≥ 10,0

[a] Requisitos aplicáveis também aos cimentos resistentes a sulfatos e de baixo calor de hidratação, identificados por sua sigla seguida do sufixo RS ou BC, respectivamente.
[b] Resíduo na peneira 45 µm.
[c] CPB estrutural devem ter índice de brancura igual ou superior a 78
[d] CPB não estrutural deve ter índice de brancura igual ou superior a 82

Fonte: adaptada de ABNT NBR 16697: 2018 (Cimento Portland – Requisitos)

5.5 FORMAS DE EXPEDIÇÃO

O cimento pode ser expedido e comercializado de duas maneiras: a granel ou ensacado.

- **A granel**: destina-se a grandes consumidores, normalmente fábricas de pré-moldados, concreteiras ou obras de grande porte. O cimento é entregue ao cliente em caminhões silo.
- **Ensacado**: destina-se a clientes de menor consumo ou que não possuam silo de armazenagem. O cimento é expedido geralmente em embalagens de 50 kg, 40 kg ou 25 kg, confeccionada em papel kraft de múltiplas folhas, permitindo a manutenção da qualidade do material durante sua validade. Os sacos devem apresentar diversas informações ao consumidor, como composição do produto, cuidados com o manuseio e data de validade.

Figura 5.21 – Caminhão silo de cimento.

5.6 ESTOCAGEM

O principal problema relativo a transporte e armazenamento do cimento é a possibilidade de hidratação dos seus grãos. Saiba também que a validade do cimento é curta, apenas 90 dias.

O cimento deve ser guardado em local afastado de qualquer tipo de umidade. O cimento ensacado deve ser armazenado em local seco, afastado da parede e sobre estrados de madeira.

De acordo com a norma ABNT 12655/2022, devem ser empilhados no máximo 15 sacos de cimento em altura quando ficarem retidos por período inferior a 15 dias no canteiro de obras, ou no máximo 10 unidades quando ficarem estocados por período mais longo.

MATERIAL EXTRA

Este capítulo apresenta videoaula:

Cimento Portland

http://livro.link/an5

Qualquer dúvida, é só deixar um **comentário** nos vídeos. Na medida do possível, vou respondendo. Bons estudos!

EXERCÍCIOS DE FIXAÇÃO

A melhor maneira de saber se você aprendeu é **testando sua memória**. Assim, sugiro que você faça os exercícios de fixação **sem consultar a teoria**. Após terminar, revise os pontos que você errou ou não lembrava.

5.1 Julgue as seguintes afirmativas em verdadeiro (V) ou falso (F):

1. ( ) O cimento seco não consegue unir os agregados. Ele adquire essa característica de coesão quando é misturado à água.
2. ( ) O cimento endurece pela sua secagem.
3. ( ) A finura do cimento influencia pouco na reação de hidratação.
4. ( ) O tempo de início de pega é o momento que podemos começar a trabalhar com produtos à base de cimento.
5. ( ) O tempo que demora para a pasta se solidificar completamente é chamado de tempo de fim de pega.
6. ( ) O processo de hidratação do cimento é completo em 28 dias a partir do contato com a água.
7. ( ) O ensaio de resistência do cimento não é feito com uma pasta de cimento, mas, sim, com uma argamassa normalizada.
8. ( ) O cimento Portland de alto-forno (CP II) é um cimento comum modificado por meio de adições. Pode ser aplicado em todas as fases da construção. É o tipo de cimento mais vendido no Brasil.
9. ( ) O cimento Portland branco não pode ser utilizado para fins estruturais.
10. ( ) A validade do cimento é de apenas 180 dias.

5.2 Complete as frases a seguir:

1. As matérias-primas básicas do cimento Portland são ________, ________ e ________.

2. O ________ é o componente básico de qualquer cimento Portland; é ele que possibilita o endurecimento e o ganho de resistência do cimento quando em contato com a água.

3. Durante a fabricação do cimento, é adicionada uma pequena quantidade de ________ ao clínquer para controlar o tempo de enrijecimento (tempo de pega).

4. A reação de hidratação do cimento é um processo ________, isto é, libera calor.

5. A temperatura do ambiente influencia a reação de hidratação; quando está quente, a reação química é ________, já em dias frios, é ________.

6. O termo ________ se refere ao processo de solidificação do cimento.

7. Os tempos de início e fim de pega são determinados por meio do aparelho de ________.

8. A relação a/c é a proporção ________ pela ________.

9. O cimento Portland ________ é um tipo de cimento puro, ou seja, em regra, não apresenta adições, sendo atualmente pouco usado no Brasil.

10. O cimento Portland de ________ é formado com maior teor de escória de alto-forno do que o CP II-E.

11. O cimento Portland ________ é mais fino e reage mais rápido com a água, adquirindo resistência com maior velocidade.

CAPÍTULO 6

Concreto: introdução

Figura 6.1 – O Sydney Opera House é um exemplo de que com o concreto qualquer forma é possível.

Fonte: Canstock

O concreto é o segundo material mais utilizado no mundo, só perdendo para o consumo de água. É empregado nos mais diversos tipos de obra, como prédios, estádios, pontes, barragens etc.

Neste capítulo, apresentaremos uma introdução sobre este importante material. Aprenderemos diversos assuntos relacionados à composição do concreto e seus componentes.

Figura 6.2 – O viaduto de Millau (França), com pilares de concreto, alcança cerca de 333 m.

Fonte: Canstock

6.1 INTRODUÇÃO

O concreto é um material fantástico que revolucionou a engenharia e a arquitetura. Com o concreto, qualquer forma é possível. Quando recém-misturado, por ser relativamente fluido e plástico, pode ser moldado em diferentes formas e tamanhos. Pouco tempo depois, o concreto endurece e, quando bem dosado e executado, adquire excelente durabilidade e resistência mecânica.

Em virtude da importância do concreto, ele será apresentado com detalhes ao longo de quatro capítulos deste livro.

6.2 CONCRETO ROMANO

Os antigos romanos já usavam o concreto como material de construção em edificações, pavimentos e obras hidráulicas. Eles descobriram que a cal e as cinzas vulcânicas, quando misturadas com água, areia e cascalho, formavam um material que era mais forte e mais durável que as argamassas de cal.

A grande durabilidade era proveniente da reação pozolânica que ocorria entre a cal e as cinzas vulcânicas na presença de água. Essa mistura, ao contrário do que ocorria com a cal pura, não se dissolvia na água, sendo possível sua aplicação em obras como os famosos aquedutos romanos.

Em essência, o concreto romano é relativamente semelhante ao concreto atual. A maior diferença é que usamos cimento Portland.

Figura 6.3 – O Panteão, construído com concreto há cerca de 2 mil anos na cidade de Roma, permanece íntegro até os dias atuais.

Fonte: Canstock

6.3 COMPOSIÇÃO

O concreto atual é formado por uma mistura homogênea de água, cimento Portland, agregado miúdo e agregado graúdo. Além disso, podem ser acrescentados aditivos, pigmentos, fibras e adições minerais.

Assim como um bolo pode ser dosado para ser saboroso, *light*, *diet* etc., o concreto pode ser dosado para atender a diversas características, como boa fluidez, durabilidade, resistência etc.

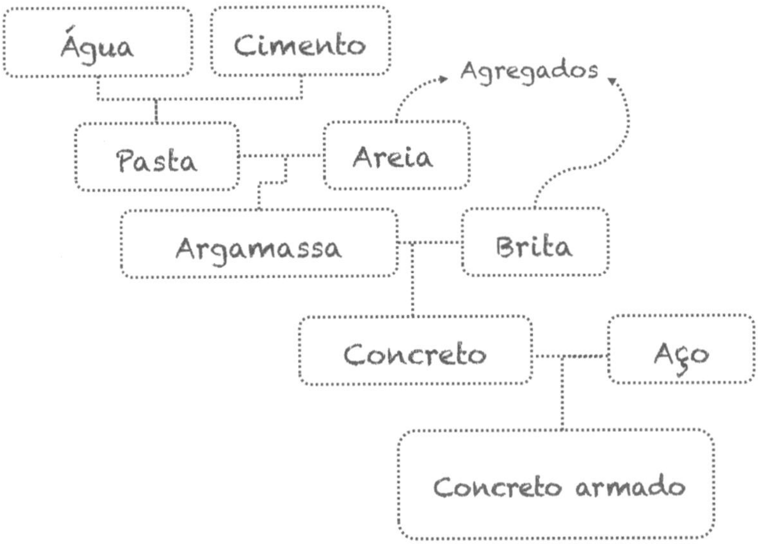

Figura 6.4 – O esquema ilustra as diferenças entre pasta, argamassa, concreto e concreto armado.

6.3.1 TRAÇO

Você já ouviu falar na expressão "traço do concreto"? Traço nada mais é do que a "receita" do concreto. Ele indica a proporção dos materiais por unidade de cimento:

1: a: p: x

em que "a" é a proporção de agregado miúdo por unidade de cimento; "p" é a proporção de agregado graúdo por unidade de cimento; "x" é a proporção de água por unidade de cimento (relação água/cimento).

Por exemplo, um traço 1: 2: 3,0: 0,6 indica que, para cada parte de cimento, serão acrescentadas 2 partes de agregado miúdo (p. ex., areia), 3 partes de agregado graúdo (p. ex., brita) e 0,6 parte de água.

Podemos expressar o traço em massa ou em volume. A Figura 6.5 apresenta um exemplo de um traço em volume.

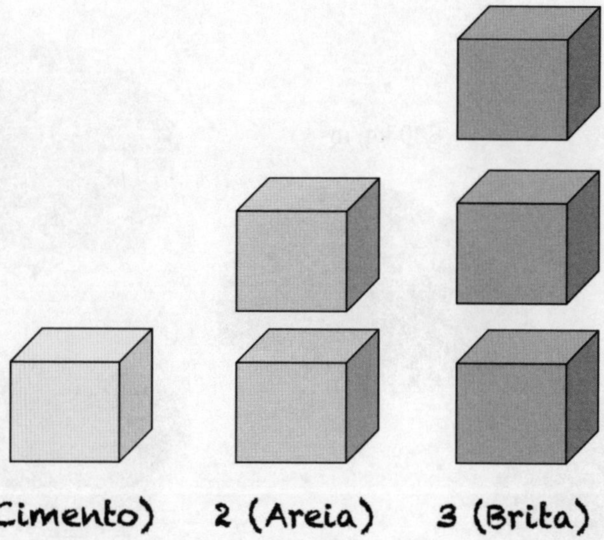

Figura 6.5 – Exemplo de traço em volume.

Embora o traço medido em volume seja mais fácil de executar, esse processo é pouco preciso.

As normas não definem os valores dos traços dos concretos, pois os materiais variam de região para região e cada obra apresenta suas peculiaridades. A dosagem pode se dar de duas formas: "empírica" e "dosagem racional e experimental".

A dosagem empírica é baseada apenas na experiência do profissional e no consumo mínimo de 300 kg de cimento/m^3 de concreto, sendo admitida apenas para concretos com resistência de 10 a 15 MPa.

A dosagem racional e experimental deve ser feita com base em parâmetros técnicos e ensaios laboratoriais. O responsável pela dosagem tem que descobrir qual é a melhor proporção entre os diversos constituintes. Essa dosagem não é fácil, pois o concreto tem que atender várias propriedades simultaneamente, como resistência, durabilidade e trabalhabilidade – tudo isso a um custo adequado.

6.3.2 CONSUMO DE MATERIAIS

Com a massa específica do concreto e com o traço em massa, é possível calcular o consumo de cimento por m^3 de concreto (C). A equação é bem simples, consiste na divisão da massa específica do concreto pela soma do traço em massa.

$$C = \frac{\gamma_{\text{concreto}}}{1} + a + p + x$$

Figura 6.6 – Exemplo de cálculo do consumo de materiais por metro cúbico de concreto.

Para calcular o consumo dos outros materiais, basta multiplicar o consumo de cimento pela proporção do material no traço. A seguir, um exemplo numérico.

Exemplo: Calcule os consumos de cimento, areia, brita e água para produzir 1 m^3 de concreto. Para tanto, considere os seguintes dados:

- massa específica do concreto: 2.400 kg/ m^3;
- traço do concreto (em massa): 1: 2,0: 2,4: 0,6.

Resolução:

Consumo de materiais para produzir 1 m^3 de concreto:

$$C = \frac{2400}{1} + 2 + 2,4 + 0,6$$

Cimento = 400 kg/m^3

Areia = 400 × 2,0 = 800 kg/m^3

Brita = 400 × 2,4 = 960 kg/m^3

Água = 400 × 0,6 = 240 kg/m^3

6.4 MATÉRIAS-PRIMAS

Neste tópico, vamos discutir a respeito das características dos materiais empregados na confecção do concreto. Como os agregados e o cimento já foram estudados nos capítulos anteriores, faremos apenas alguns breves comentários sobre eles.

6.4.1 AGREGADOS

Os agregados constituem o "esqueleto mineral" do concreto, influenciando de maneira direta na resistência, na durabilidade e na trabalhabilidade da mistura.

Figura 6.7 – Exemplo de agregados utilizados para concretos (areia e brita).

Os grãos menores (agregado miúdo) preenchem os espaços (vazios) deixados pelos grãos maiores (agregado graúdo), formando uma mistura densa e econômica. Desse modo, os agregados podem ocupar, em alguns casos, até 75% do volume do concreto, embora correspondam a cerca de 20% do seu custo. Quanto maior a porcentagem de agregados no traço, mais econômico será o concreto.

6.4.2 CIMENTO

Na mistura do concreto, o cimento Portland e a água formam uma pasta mais ou menos fluida, dependendo da quantidade de água adicionada. Essa pasta deve cobrir completamente os agregados, mantendo-os coesos (juntos).

Antes do início de pega, a pasta de cimento apresenta um estado plástico, capaz de ser deformada e moldada na forma e tamanho desejado. Com o passar do tempo, em função do progresso da hidratação do cimento, a mistura enrijece, solidifica-se e adquire resistência mecânica.

A escolha do tipo adequado de cimento é de fundamental importância para o bom desempenho do concreto.

Figura 6.8 – Cimento Portland.

6.4.3 ÁGUA

Embora a água seja essencial para hidratação e a fluidez de misturas à base de cimento, o seu excesso é extremamente prejudicial à resistência e à durabilidade do material, em virtude do aumento da porosidade. Além disso, a água utilizada na mistura do concreto não deve conter substâncias que alterem propriedades químicas e físicas do concreto.

A água potável (apropriada para o consumo humano) pode ser utilizada sem restrição para concretos e argamassas. Outras fontes de água, como água de escoamento pluvial, água de resíduo industrial, águas salobras e outras, devem ser ensaiadas no laboratório para avaliar se atendem às exigências da norma ABNT NBR 15900/2009 – "Água para amassamento do concreto".

6.4.4 ADITIVOS

Aditivos são produtos que, mesmo adicionados em pequena quantidade (máximo de 5% em relação à massa de cimento), alteram as propriedades de concretos e argamassas, melhorando o comportamento do material sob determinadas condições.

Alguns estudantes acreditam que o uso de aditivo corrige todas as falhas do concreto. No entanto, isso não é verdade. O uso de aditivos não exime o profissional de realizar uma dosagem adequada dos demais componentes do concreto.

A quantidade total de aditivos não deve exceder o teor máximo recomendado pelo fabricante. Lembre-se da diferença entre o remédio e o veneno: muitas vezes é apenas a dosagem. Assim, a influência de elevada proporção de aditivos no desempenho e na durabilidade do concreto deve ser considerada.

Quando forem usados dois ou mais aditivos simultaneamente, a compatibilidade entre eles deve ser avaliada em ensaios laboratoriais prévios.

Figura 6.9 – A única diferença na preparação das pastas foi a adição de aditivo superplastificante na segunda.

6.4.4.1 Incorporador de ar

Os aditivos incorporadores de ar introduzem microbolhas distribuídas de forma homogênea na mistura do concreto. Esses aditivos podem: (i) melhorar a plasticidade do concreto; (ii) reduzir a tendência de segregação e exsudação; e (iii) reduzir a permeabilidade do concreto. No entanto, o excesso de ar incorporado causa alguns problemas, como a diminuição da resistência do concreto.

6.4.4.2 Aditivo plastificante

Os aditivos mais utilizados em concretos são os plastificantes e os superplastificantes. Ambos são produtos químicos que possibilitam a redução da quantidade de água ou o aumento da fluidez e da plasticidade da mistura. A diferença é que os superplastificantes apresentam ação mais intensa do que os plastificantes.

Esses aditivos podem ser empregados visando basicamente três objetivos distintos:

- melhorar a trabalhabilidade – ao acrescentar o aditivo e manter a quantidade de água, o concreto ficará mais fluido;
- aumentar a resistência – ao acrescentar o aditivo e reduzir a água, o concreto alcançará maior resistência. O aumento de resistência pode chegar, em alguns casos, a cerca de 40%;
- minimizar o consumo de cimento – ao reduzir o consumo de cimento, a resistência do concreto diminuirá. Para compensar isso, pode-se diminuir a quantidade de água (relação água/cimento) com o emprego de aditivo plastificante.

6.4.4.3 Retardador de pega

O aditivo retardador de início de pega desacelera a hidratação inicial dos grãos de cimento com o objetivo de prolongar o tempo disponível para transportar, lançar e adensar o concreto. É frequentemente empregado nos casos de concretagem de peças volumosas (para evitar a presença de juntas frias) e nos casos em que a produção do concreto está localizada longe do ponto de aplicação.

Além disso, esses aditivos são úteis nos períodos de clima quente. O aumento de temperatura catalisa a reação química do cimento com a água, reduzindo o tempo disponível para o trabalho. Isso pode ser equilibrado com o uso de um aditivo retardador.

6.4.4.4 Acelerador de pega

Ao contrário do anterior, o aditivo acelerador encurta o tempo de pega do cimento. É utilizado em períodos de clima frio e em trabalhos nos quais o concreto necessita endurecer rapidamente. É muito utilizado no caso de concretos projetados e na fabricação de peças e estruturas pré-moldadas de concreto.

6.4.4.5 Estabilizador de hidratação

O aditivo estabilizador de hidratação (AEH) atua sobre as partículas de cimento, o que dificulta a reação do cimento com a água e mantém a mistura estável e plástica por um longo período, podendo chegar até 72 horas. Em alguns casos, tais aditivos são utilizados para reaproveitar concretos rejeitados. Isso evita o desperdício de concretos devolvidos à concreteira devido a imprevistos ocorridos na obra que impossibilitem a concretagem no período combinado. Esse tipo de aditivo tem o potencial de reduzir os prejuízos econômicos, além de minimizar os impactos ambientais provenientes dos resíduos de concreto.

6.4.4.6 Polifuncionais

Os aditivos polifuncionais, também chamados de multifuncionais, influenciam em mais de uma propriedade do concreto. Melhoram a trabalhabilidade do concreto e desempenham outros efeitos secundários. Existem vários tipos disponíveis no mercado da construção.

6.4.5 ADIÇÕES

As adições são materiais extremamente finos que podem ser adicionados ao concreto para melhorar suas propriedades. Um grão de cimento pode ser cerca de 100 vezes maior do que uma partícula de adição.

As adições são muito empregadas em concretos de alta resistência. O teor utilizado varia, geralmente, de 5% a 20% em relação à massa de cimento.

Por serem muito finas, elas preenchem os poros (espaços vazios) do concreto, reduzindo sua porosidade e, consequentemente, aumentando sua resistência e durabilidade. Além do efeito físico de preenchimento, algumas adições apresentam atividade pozolânica, reagindo com os compostos de cal livre presentes no cimento, o que incrementa ainda mais a resistência.

Existem diversos tipos de adições, como sílica ativa (microssílica), metacaulim, cinza volante, entre outras.

6.4.6 FIBRAS

O concreto reforçado com fibras apresenta melhor resistência à tração, melhor ductilidade e menor incidência de fissuras e trincas, entre outras várias vantagens.

Existem vários tipos de fibra que podem ser encontrados no mercado, como polipropileno, aço, vidro, nylon, poliéster, carbono e fibras vegetais.

No passado, as fibras eram utilizadas apenas para evitar a retração ou reforçar a resistência. Mas, atualmente, existem diversas outras aplicações. Um bom exemplo é o uso de fibras de polipropileno em concretos submetidos a altas temperaturas ou com grande risco de incêndio (AOKI, 2010).

Tome cuidado com a dosagem, o excesso de fibras pode prejudicar o desempenho do concreto.

MATERIAL EXTRA

Este capítulo apresenta uma videoaula:

Traço do concreto

http://livro.link/an6

Qualquer dúvida, é só deixar um **comentário** nos vídeos. Na medida do possível, vou respondendo. Bons estudos!

EXERCÍCIOS DE FIXAÇÃO

A melhor maneira de saber se você aprendeu é **testando sua memória**. Assim, sugiro que você faça os exercícios de fixação **sem consultar a teoria**. Após terminar, revise os pontos que você errou ou não lembrava.

6.1 Julgue as seguintes afirmativas em verdadeiro (V) ou falso (F):

1. ( ) O concreto romano é semelhante ao atual.
2. ( ) O traço indica a proporção dos materiais por unidade de concreto.
3. ( ) O traço pode ser expresso em massa ou em volume, sendo o traço em volume mais preciso.
4. ( ) Apenas a água potável pode ser utilizada para a confecção de concreto.
5. ( ) A quantidade total de aditivos não deve exceder a dosagem máxima recomendada pelo fabricante.
6. ( ) O excesso de ar incorporado causa diversos problemas, como a diminuição da resistência do concreto.
7. ( ) Os aditivos retardadores de pega são mais úteis no período frio.
8. ( ) Os aditivos aceleradores de pega são muito utilizados em pré-moldados.
9. ( ) As fibras somente podem ser utilizadas para evitar a retração.

6.2 Complete as frases a seguir:

1. No concreto romano, a ________ ocorria entre a cal e as cinzas vulcânicas na presença de água.

2. O concreto simples é formado por uma mistura homogênea de ________, ________ e ________.

3. Aditivos são produtos que, mesmo adicionados em pequena quantidade (máximo __% em relação à massa de ________), alteram as propriedades de concretos e argamassas.

4. Os aditivos superplastificantes podem ser utilizados com basicamente três objetivos: ________, ________ e ________.

5. O aditivo ________ atua sobre as partículas de cimento, o que dificulta a reação do cimento com a água e mantém a mistura estável por um longo período, podendo chegar, em alguns casos, até 72 horas.

6. O teor de adição utilizado no concreto varia, geralmente, de ________ a ________% em relação à massa de ________.

6.3 Calcule os consumos de cimento, areia, brita e água para produzir 1 m^3 de concreto. Para tanto, considere os seguintes dados: massa específica do concreto: 2.385 kg/m^3; traço do concreto (em massa): 1: 1,5: 2,3: 0,5.

CAPÍTULO 7

Concreto: propriedades

Figura 7.1 – Para aplicar corretamente o concreto, devemos conhecer bem as suas propriedades (fresco e endurecido).

Engenheiros e arquitetos devem conhecer profundamente as propriedades do concreto. Essas propriedades podem ser divididas em duas fases: concreto fresco e concreto endurecido.

Neste capítulo, apresentaremos as principais características e ensaios realizados.

7.1 CONCRETO FRESCO

O concreto é considerado como fresco desde o momento da adição da água até antes do início de pega do cimento. Nesta fase, o concreto pode ser misturado, transportado, lançado e adensado de maneira adequada.

Figura 7.2 – Lançamento do concreto fresco.

7.1.1 SEGREGAÇÃO

Você já viu estruturas de concreto com vazios na superfície? Esses vazios causados pela segregação do concreto podem comprometer a resistência e a durabilidade da estrutura.

A segregação ocorre porque os componentes do concreto apresentam massas específicas diferentes. Esse processo pode se dar de duas maneiras: (i) com a separação dos agregados graúdos da argamassa; e (ii) com a separação de parte da água do restante da mistura (exsudação).

A segregação pode ocorrer nas etapas de transporte, lançamento e adensamento. As principais causas são traço mal formulado, excesso ou falta de adensamento, excesso ou falta de água e altura de queda do concreto durante o lançamento superior a 2,5 m.

Figura 7.3 – Falhas de concretagem: segregação dos materiais.

7.1.2 TRABALHABILIDADE

Um concreto de boa qualidade deve ser capaz de manter sua homogeneidade, ou seja, não segregar, durante o seu transporte, bombeamento, lançamento e adensamento. Ademais, a fluidez da mistura deve permitir que essas operações se deem de um modo relativamente fácil e num tempo razoável. Quando um concreto consegue atender a todas essas características, dizemos que ele está trabalhável.

Observa-se que tão importante quanto a resistência do concreto no estado endurecido é a sua **trabalhabilidade** no estado fresco.

A trabalhabilidade do concreto deve variar com o tipo de construção, o método de lançamento, o grau de armadura da peça estrutural, entre outros aspectos.

Figura 7.4 – A consistência do concreto influencia na facilidade do trabalho.

Fonte: iStockphoto

A trabalhabilidade está ligada a vários fatores ligados ao traço. O que mais influencia é o consumo de **água**. Quanto maior a relação água/cimento mais fluida será a mistura. A água ajuda a "lubrificar" as partículas, diminuindo o atrito entre os grãos e a dificuldade de espalhamento.

A granulometria e a forma dos **agregados** também interferem. O excesso de partículas finas exige maior consumo de água. Agregados arredondados e lisos proporcionam misturas mais trabalháveis do que agregados angulosos e ásperos.

O aumento do consumo de **cimento** possibilita uma melhor fluidez. No entanto, o excesso torna a mistura pegajosa, reduzindo sua trabalhabilidade.

Os **aditivos** (super) plastificantes também melhoraram a trabalhabilidade, conforme mencionado anteriormente.

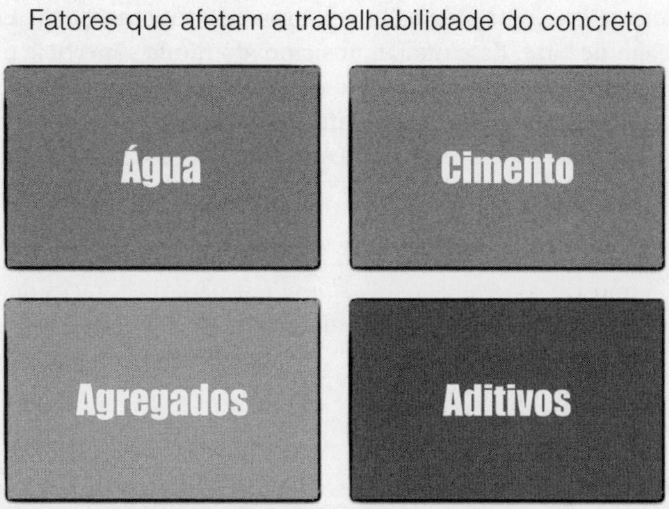

Figura 7.5 – Existem vários fatores ligados ao traço que influenciam na trabalhabilidade do concreto.

7.1.2.1 Ensaio de abatimento (*slump test*)

O ensaio de abatimento do tronco de cone, também chamado em inglês de *slump test*, é o procedimento mais usual para avaliar a consistência do concreto convencional e, assim, estimar sua trabalhabilidade.

Figura 7.6 – Ensaio de abatimento (*slump test*).

O procedimento do ensaio é bem simples. Empregamos um tronco de cone de 30 cm de altura e 20 cm de base. Esse molde, posicionado numa superfície plana, é preenchido com três camadas de concreto. Cada camada recebe 25 golpes com uma haste metálica. O molde deve ficar firmemente imóvel durante todo o processo. Logo após o adensamento, o cone é lentamente erguido e o concreto é liberado.

Para realizar a medida, você inverte o molde e apoia a haste sobre ele. A diminuição na altura é o resultado do ensaio.

A Figura 7.7 mostra os resultados do *slump test* para dois traços de concreto, cuja única diferença foi a quantidade de água adicionada. No primeiro caso, a relação água/cimento foi de 0,30 e, no segundo, de 0,70. Os respectivos abatimentos foram 20 mm e 220 mm.

Figura 7.7 – Influência da água no abatimento do concreto.

No segundo caso, o excesso de água acarretou a segregação do concreto, com o agregado graúdo ficando mais ao centro e o restante da massa na periferia.

Apesar das limitações, o *slump test* pode ser muito útil no canteiro de obras para a verificação dos materiais. Um aumento do abatimento pode indicar, por exemplo, que a quantidade de água colocada na mistura foi diferente da prescrita no projeto.

A ordem de grandeza de valores de abatimento é dada na Tabela 7.1.

Tabela 7.1 – Abatimento de acordo com o uso indicado

Abatimento	Uso indicado
Muito baixo (0 a 25 mm)	Pavimentos adensados por máquina vibratória
Baixo (25 a 50 mm)	Pavimentos vibrados com equipamentos manuais
Médio (25 a 100 mm)	Concretos de menor trabalhabilidade deste grupo podem ser adensados para o uso em lajes lisas. Concreto com taxa de armadura normal, com adensamento manual e seções densamente armadas, com vibração
Alto (100 a 175 mm)	Para seções com congestionamento de armaduras, usualmente de vibração inviável.

Fonte: adaptada de Neville e Brooks (2013)

No caso de concretos convencionais usinados, o *slump test* é realizado para aceitação do concreto. Os detalhes sobre o controle e a aceitação de concretos serão descritos no final do próximo capítulo.

7.1.2.2 Ensaio de espalhamento (*slump flow test*)

O ensaio de espalhamento, também chamado em inglês de *slump flow test*, mede a habilidade de o concreto fluir livremente sem segregar.

O procedimento do ensaio é simples e emprega o mesmo tronco de cone do ensaio anterior. No entanto, o concreto é lançado em apenas uma camada, sem que seja feito nenhum adensamento. Logo após a colocação do concreto, o cone é lentamente erguido, permitindo o espalhamento da massa de concreto.

O resultado do ensaio é a média de duas medidas de **diâmetro** feitas em direções perpendiculares. Quanto mais fluido for o concreto, maior será o diâmetro que ele espalhará sobre a placa.

Além disso, é interessante medir o tempo que o concreto demora para alcançar a marca de 50 cm.

Observe na Figura 7.8 que o concreto deve espalhar sem segregar. Esse ensaio é utilizado para avaliação do concreto autoadensável que comentaremos um pouco mais no capítulo de concretos especiais.

Figura 7.8 – O ensaio de espalhamento é empregado para avaliar a trabalhabilidade de concretos autoadensáveis.

Fonte: Marques (2010)

7.1.2.3 Ensaio de anel-J (*J-ring*)

O resultado do ensaio de espalhamento não possibilita uma simulação da habilidade do concreto autoadensável ao passar pela armadura. Assim, foi desenvolvido o ensaio de anel-J (*J-ring*), uma variação do ensaio de escorregamento com acréscimo de um anel de 30 cm de diâmetro e 10 cm de altura, constituído com barras de aço verticais.

O resultado do ensaio é a diferença de altura entre o concreto imediatamente interior e imediatamente exterior ao anel. Esse tipo de ensaio pode ser empregado, ainda, para avaliar visualmente se o concreto segrega ou não quando passa pelas barras de aço.

Figura 7.9 – O ensaio de anel-J avalia se o concreto segrega quando passa por barras de aço.

7.2 CONCRETO ENDURECIDO

O concreto é considerado um material sólido a partir do fim de pega do cimento Portland. No entanto, sua resistência é desenvolvida ao longo do tempo. Neste tópico, comentaremos sobre as principais propriedades que devemos observar no concreto endurecido.

Figura 7.10 – Estrutura de concreto armado.

Fonte: Canstock

7.2.1 RESISTÊNCIA À COMPRESSÃO

A resistência à compressão simples é considerada, normalmente, como a propriedade mais representativa do concreto endurecido. Essa propriedade é empregada no estudo de dosagem e para calcular as dimensões das estruturas.

Para avaliarmos a resistência do concreto, moldamos corpos de prova (CP). A altura do CP deve ser o dobro do diâmetro do cilindro. No Brasil, são mais utilizados os diâmetros de 100 mm e 150 mm.

Figura 7.11 – Corpo de prova de concreto.

O número de camadas e golpes para adensamento varia conforme a dimensão do CP escolhido. Por exemplo, para o CP de 100 mm de diâmetro, a moldagem, quando o adensamento é manual, deve ser efetuada em duas camadas, cada uma com a aplicação de 12 golpes.

Após a moldagem e a identificação, os corpos de prova devem ser armazenados durante as primeiras 24 horas em local protegido. Após esse período, devem ser transportados cuidadosamente para o laboratório escolhido.

Figura 7.12 – Moldagem de corpos de prova após a chegada do caminhão-betoneira à obra.

No laboratório, os corpos de prova são curados imersos em tanques de água ou em câmara úmida até o momento da ruptura.

$$\text{Lembre-se: Tensão} = \frac{\text{Força}}{\text{Área}}$$

A superfície superior do corpo de prova não fica plana e lisa o suficiente. Essas saliências falseiam o resultado do ensaio pela concentração de cargas nesses pontos. Para correção dessas falhas, o CP deve ser retificado em máquina de corte ou capeado com pasta de cimento. Outra alternativa é o emprego de discos de Neoprene. Esses discos distribuem a tensão uniformemente pela superfície do CP.

Os corpos de prova devem ser rompidos nas idades especificadas no projeto. As idades de 7 e 28 dias são as mais usuais. O carregamento deve ser aplicado de maneira contínua e sem choques.

A resistência à compressão (tensão de ruptura) é dada pela razão entre a força axial de ruptura sobre a área da seção transversal do corpo de prova.

Figura 7.13 – Corpo de prova rompido à compressão.

Figura 7.14 – Ruptura do corpo de prova.

Como a área da seção é circular, a tensão pode ser calculada da seguinte maneira:

$$\sigma = \frac{F}{\pi} \times r^2$$

O resultado da tensão de ruptura deve ser expresso em megaPascal (MPa). Tome cuidado no momento de converter as unidades.

Exemplo: Você moldou um corpo de prova de concreto de 10 cm de diâmetro por 20 cm de altura. Após 28 dias, o material foi rompido e o resultado do ensaio foi igual a 25,97 tf (tonelada-força). Qual é a resistência do concreto em MPa?

Resolução:

Força = 25,97 tf = 25970 kgf

$$\sigma = \frac{25970}{3{,}14} \times 5^2 = \frac{25970}{78{,}5} = 330{,}83\ \text{kgf}/\text{cm}^2$$

Ou seja, cada cm^2 da seção transversal de concreto suportou uma carga de 330,83 kgf.

Para achar a resistência em MPa, basta lembrar que 1 Mpa é igual a aproximadamente 10 kgf/cm^2. Assim, a tensão de ruptura é igual a 33,1 MPa.

7.2.2 RELAÇÃO A/C

Nós já comentamos sobre esse parâmetro no Capítulo 5, e aqui vamos aprofundar um pouco mais o conhecimento a respeito da relação água/cimento (a/c).

A relação água/cimento é o principal parâmetro que influencia em todas as propriedades do concreto, com destaque para aspectos como trabalhabilidade, resistência, durabilidade e permeabilidade do concreto.

A fluidez da pasta de cimento depende essencialmente da quantidade de água adicionada, que é expressa pela relação água/cimento. Quanto maior essa relação, mais fácil será espalhar o material e trabalhar com ele.

No entanto, quanto maior a relação a/c, menor será a resistência do concreto e maior será sua porosidade e permeabilidade. Na Figura 7.15, é possível observar que, com o aumento da relação a/c, a resistência caiu para um terço.

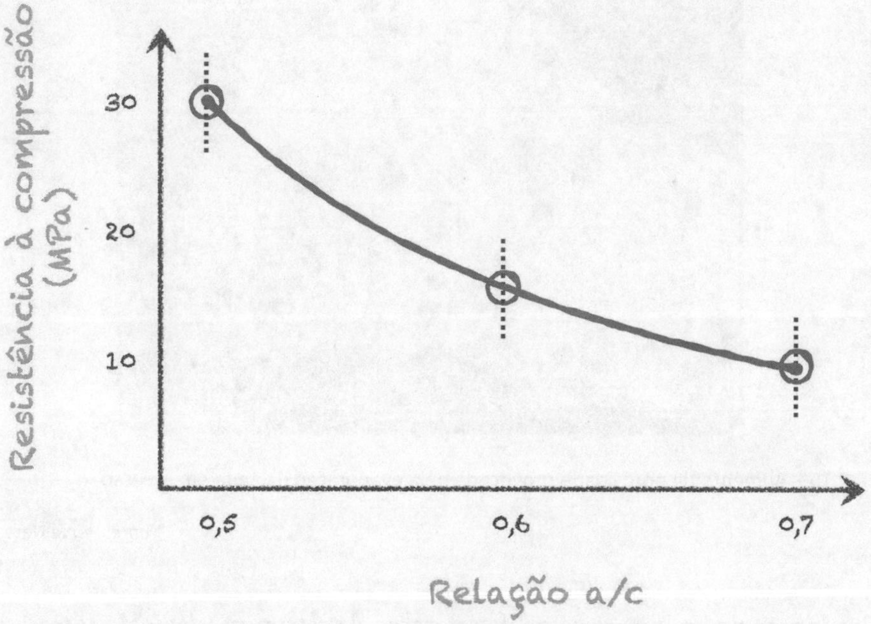

Figura 7.15 – Exemplo de curva de Abrams (apenas ilustrativa). A lei de Abrams estabelece que a resistência à compressão do concreto é inversamente proporcional à relação a/c.

O excesso de água produz concretos mais porosos. A água de amassamento não utilizada na hidratação dos grãos de cimento evapora e deixa poros no seu lugar (microbolhas de ar).

A presença desses poros diminui a resistência do concreto. De acordo com Neville e Brooks (2013), cerca de 5% de vazios podem acarretar uma redução em torno de 30% na resistência do concreto.

A presença de poros interconectados aumenta a permeabilidade do concreto, facilitando a ocorrência de várias patologias graves, como a corrosão das barras de aço, o que impacta de maneira negativa na durabilidade do concreto armado.

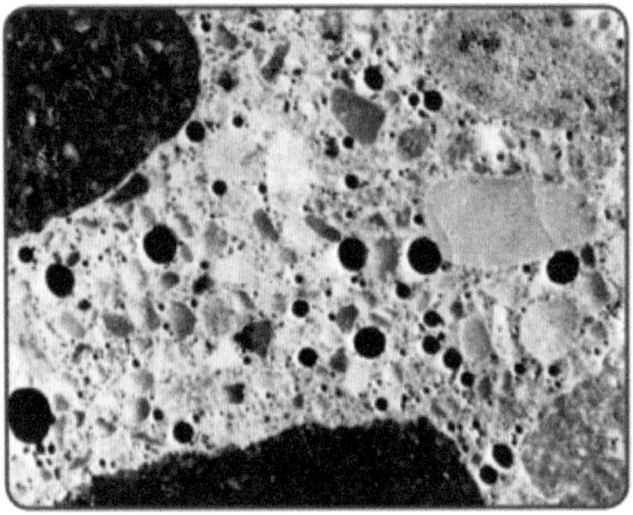

Figura 7.16 – Aumento da porosidade provocada pela evaporação da água em excesso.

Fonte: Hervé Neto (2008)

Em função do grau de risco de deterioração da estrutura (classe de agressividade ambiental), a normalização brasileira limita a relação a/c. Ver Quadro 7.1.

Quadro 7.1 – Classe de agressividade ambiental × relação água/cimento

Classe	Agressividade	Classificação do ambiente
I	Fraca	Rural; submersa
II	Moderada	Urbana
III	Forte	Marinha; industrial
IV	Muito forte	Industrial; respingos de maré

Fonte: adaptado de ABNT NBR 6118/2014

Observando o Quadro 7.1, pode-se verificar que, em ambientes rurais, o risco de deterioração da estrutura é insignificante, assim, a relação a/c deve ser menor que 0,65. Já no caso de regiões litorâneas com respingos de maré, o risco de deterioração da estrutura é elevado, limitando a relação a/c a no máximo 0,45.

Figura 7.17 – Em regiões litorâneas, o risco de corrosão das armaduras é maior. Portanto, a relação água/cimento deve ser menor do que em regiões rurais.

Fonte: Bengston/Flickr

7.2.3 INFLUÊNCIA DO TEMPO

Em função do avanço do processo de hidratação do cimento, o concreto ganha resistência ao longo do tempo.

A Figura 7.18 mostra a relação entre a resistência do concreto e a sua idade. No gráfico, o parâmetro de comparação é a resistência aos 28 dias, considerada como 100%. Podemos observar ainda que a resistência cresce de maneira mais acentuada nos primeiros dias. Com 3 dias, o concreto alcança 50% da resistência obtida aos 28 dias. Com 7 dias, alcança cerca de 70%. Com 210 dias, a resistência se estabiliza em 125%. Tenha em mente que esses valores são apenas indicativos de ordem de grandeza. Cada concreto apresenta um comportamento distinto que deve ser testado.

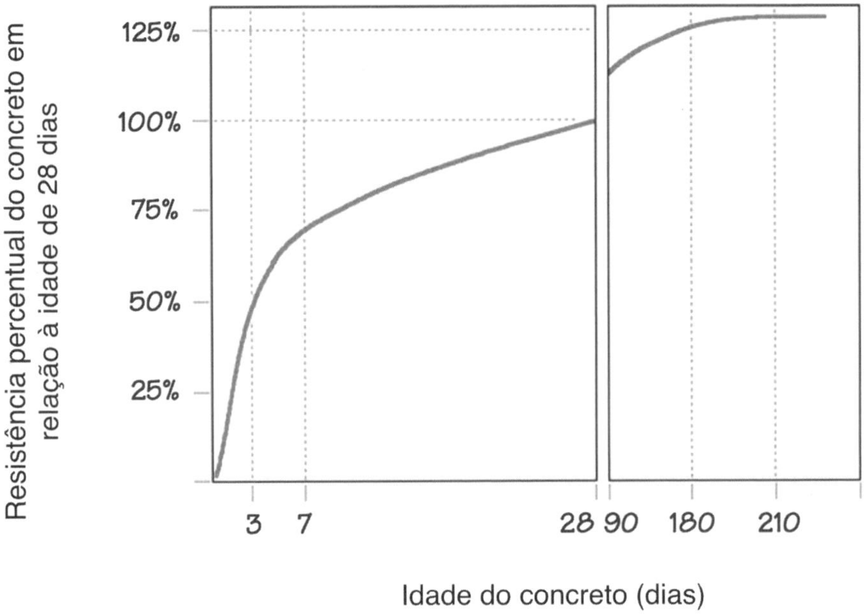

Figura 7.18 – O concreto ganha resistência ao longo do tempo (exemplo de curva).

Fonte: adaptado de Mehta, Scarborough e Armpriest (2012)

7.2.4 RESISTÊNCIA CARACTERÍSTICA (FCK)

A resistência característica do concreto aos 28 dias é chamada de fck. O responsável pela produção do concreto deve garantir que pelo menos **95%** dos corpos de prova rompidos apresentem resistência igual ou superior à definida no fck. Esse parâmetro usualmente é medido em MPa.

Figura 7.19 – Para dimensionar as estruturas (pilares, vigas e lajes), é necessário conhecer o fck do concreto.

7.2.4.1 Entendendo o fck

O engenheiro calculista, quando especifica um concreto com resistência de 40 MPa, está querendo dizer ao construtor: "Quero que, em toda a estrutura, o concreto seja tal que não se rompa com tensões inferiores a 40 MPa". Como o concreto é um material que apresenta grande variabilidade na produção, não é possível exigir uma uniformidade absoluta, ou seja, que nenhum corpo de prova rompa com resistência abaixo do valor solicitado. Desse modo, uma solução é especificar que o fck do concreto deve ser igual a 40 Mpa. Isso quer dizer que, ao rompermos um grande número de amostras desse concreto, como 100, no máximo 5 amostras (5%) poderão apresentar resultados inferiores aos 40 MPa (Botelho e Marchetti, 2010).

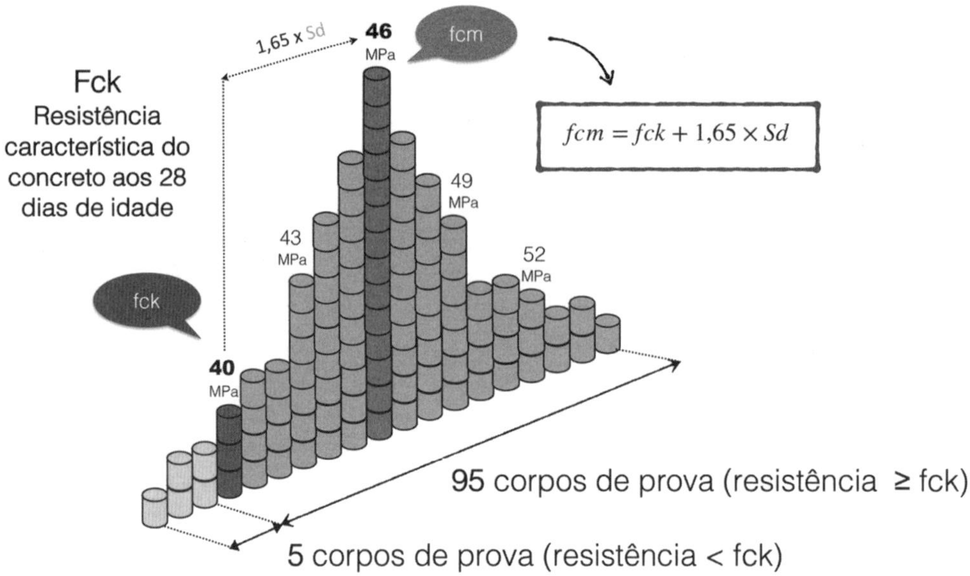

Figura 7.20 – Exemplo: rompimento de 100 corpos de prova.

7.2.4.2 Resistência de dosagem (fcm)

Para garantir o alcance do fck em pelo menos 95% dos corpos de prova testados, é necessário dosar um concreto com uma resistência superior ao do fck. A resistência média de dosagem (fcm) é majorada, de forma estatística, em função do desvio-padrão da produção do concreto (Sd):

$$fcm = fck + 1{,}65 \times Sd$$

7.2.4.3 Desvio-padrão

Se o desvio-padrão da produção do concreto não for conhecido, ele deverá se estimado conforme o nível de controle tecnológico existente. Para isso, a norma NBR 12655/2022 estabelece três classes: A, B e C.

- **Condição A (Sd = 4 MPa)**: o cimento e os agregados são medidos em massa, a água de amassamento é medida em massa ou volume com dispositivo dosador e corrigida em função da umidade dos agregados (pode ser aplicada a todas as classes de resistência de concreto).
- **Condição B (Sd = 5,5 MPa)**: o cimento é medido em massa, a água de amassamento é medida em volume mediante dispositivo dosador e os agregados medidos em massa combinada com volume (pode ser aplicada às classes C10 a C20).

- **Condição C (Sd = 7 MPa)**: o cimento é medido em massa, os agregados são medidos em volume, a água de amassamento é medida em volume e a sua quantidade é corrigida em função da estimativa da umidade dos agregados da determinação da consistência do concreto (pode ser aplicada apenas aos concretos de classe C10 e C15).

A NBR 12655/2022 determina que o valor do desvio-padrão adotado para o cálculo da resistência de dosagem em nenhum caso poderá ser menor que 2 MPa. Portanto, o valor mínimo da parcela a ser acrescida à resistência fck será de 3,3 MPa (1,65 × 2).

Exemplo: Um cliente pediu um concreto com fck = 30 MPa. Calcule qual deve ser a resistência de dosagem:

a) considere que seu desvio-padrão é igual a 4,0 MPa;

b) considere que seu desvio-padrão é igual a 7 MPa.

a) Bom controle tecnológico:

$$fcm = 30 + 1{,}65 \times 4 = 36{,}6 \text{ MPa}$$

b) Baixo controle tecnológico:

$$fcm = 30 + 1{,}65 \times 7 = 41{,}55 \text{ MPa}$$

Tenha em mente que, em regra, quanto maior a resistência, mais cara ficará a composição do concreto, visto que provavelmente é necessário consumir mais cimento e/ou aditivos.

7.2.5 RESISTÊNCIA À TRAÇÃO

No caso de peças sujeitas à flexão (p. ex., lajes e vigas), uma parte sofre esforços de compressão e outra de tração. Isso é um problema para o concreto simples, pois ele resiste bem à compressão e muito pouco à tração (cerca de 10% da resistência à compressão). Por isso, em estruturas, adiciona-se ao concreto o aço, material muito resistente à tração, formando o concreto armado.

Existem vários ensaios que podem ser utilizados para avaliar a resistência à tração do concreto, mas o de resistência à tração por compressão diametral é um dos métodos mais utilizados. Esse ensaio, inclusive, foi desenvolvido pelo engenheiro brasileiro Lobo Carneiro.

No ensaio de compressão por tração diametral, um corpo de prova de concreto cilíndrico é submetido a esforços numa prensa no sentido de seu diâmetro. A carga é aplicada ao longo de duas linhas diametralmente opostas. Essa tensão de compressão produz tensão de tração transversal.

(a)

(b)

Figura 7.21 – Ensaio de tração por compressão diametral: (a) amostra sobre efeito da carga; (b) amostra após o rompimento.

Fonte: Barros (2016)

O esquema do ensaio e a equação que calcula a resistência à tração são mostradas na Figura 7.22.

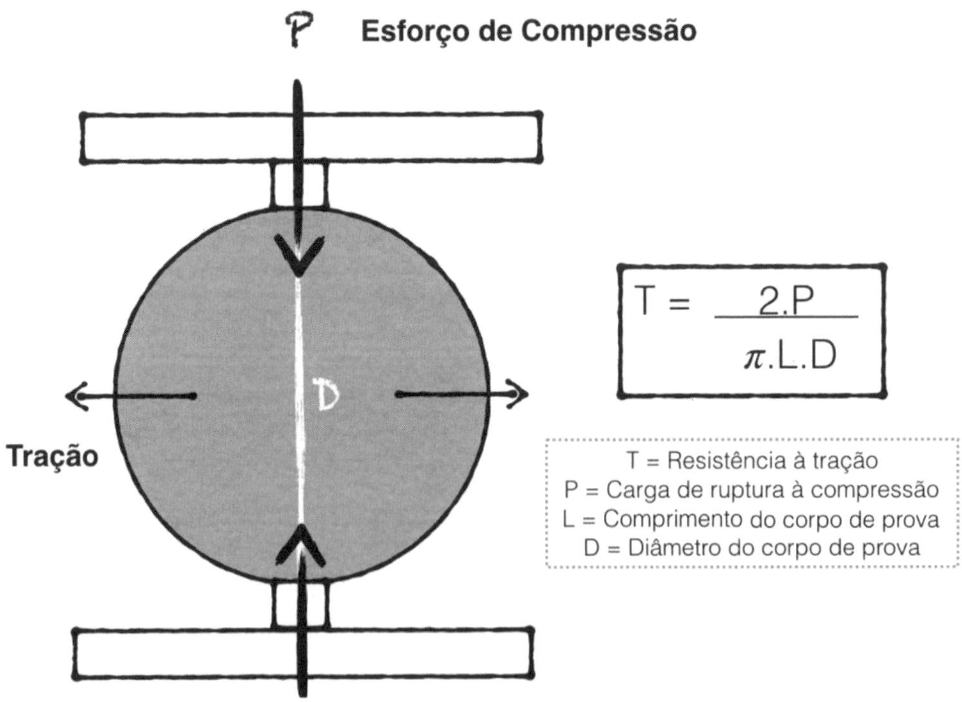

Figura 7.22 – Esquema do ensaio de compressão diametral e equação.

Exemplo: Calcule a resistência à tração (em MPa) de um corpo de prova submetido ao ensaio de compressão diametral. Considere os seguintes dados: diâmetro igual a 10 cm, comprimento igual a 20 cm, força de ruptura igual a 10 tf.

Resolução:

(i) Converter tonelada-força para kgf

Considerando 1 tf = 1000 kgf

Logo: P = 10 tf = 10000 kgf

(ii) Calcular a tensão em kgf/cm^2

$T = (2 \times 10000 \text{ kgf}) / (3{,}14 \times 20 \text{ cm} \times 10 \text{ cm})$

$T = 31{,}85 \text{ kgf/cm}^2$

(iii) Converter de kgf/cm^2 para MPa

Considerando que 1 MPa = 10 kgf/cm^2

Logo, a resposta é: T = 3,185 Mpa

7.2.6 ENSAIOS NÃO DESTRUTIVOS

Os ensaios para medir a resistência do concreto à compressão e à tração envolvem corpos de prova produzidos especificamente para esse fim. Esses corpos de prova, curados em laboratório, não representam perfeitamente o concreto utilizado na estrutura; por exemplo, a cura no laboratório é feita de modo ininterrupto até o momento da ruptura, as condições de exposição do laboratório e do campo são diferentes, o concreto executado na estrutura pode apresentar falhas de adensamento durante a execução, entre outros fatores.

Por outro lado, corpos de prova extraídos da própria estrutura também apresentam sérios inconvenientes. O processo de extração é trabalhoso, causa danos à estrutura e os corpos de prova nem sempre apresentam as dimensões padronizadas de ensaio.

Diante disso, nas últimas décadas, foram desenvolvidos ensaios que estimam diversas propriedades do concreto, não só resistência, por meio de ensaios não destrutivos. Esses ensaios não causam danos à estrutura ou causam danos pouco significativos. De modo geral, são rápidos e podem ser repetidos diversas vezes na estrutura em uso.

Entretanto, é importante deixar claro que os ensaios não destrutivos para avaliar a resistência não suprem os ensaios destrutivos, pois os valores são apenas estimados por meio de correlações, ou seja, não medem as propriedades em si.

7.2.6.1 Ensaio de dureza superficial pelo esclerômetro de reflexão

O esclerômetro de reflexão é um dos ensaios não destrutivos mais antigos utilizados em concretos. O aparelho é simples, leve, rápido, barato e fácil de manusear. Foi inventado pelo engenheiro suíço Ernst Schmidt na década de 1940, sendo também conhecido como esclerômetro de Schmidt.

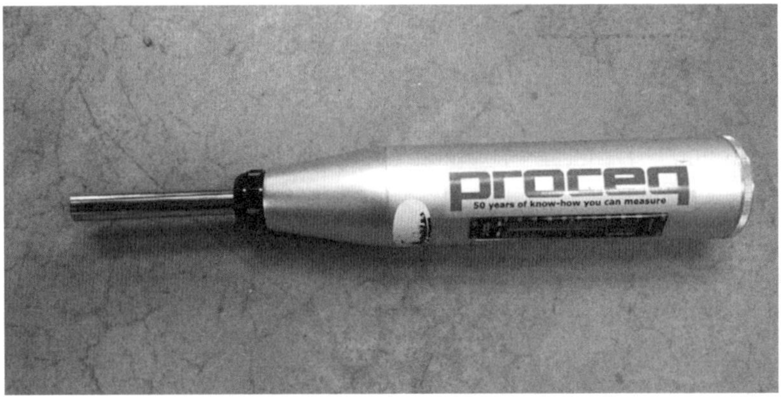

Figura 7.23 – Esclerômetro de reflexão.

O esclerômetro avalia a dureza superficial do concreto. Esse parâmetro pode ser correlacionado com outras propriedades do concreto para estimar sua qualidade.

Para realização do ensaio, o esclerômetro é posicionado perpendicularmente sobre a superfície de concreto preparada. Em seguida, a barra de percussão é pressionada contra a superfície, o que causa o seu recolhimento. Antes que a barra desapareça totalmente, o martelo deve ser liberado. Após o impacto, o ponteiro do equipamento mostra o índice esclerométrico. Detalhes do procedimento devem ser vistos na norma ABNT NBR 7584/2012.

Com base no índice de reflexão, podemos comparar a uniformidade do concreto em diferentes locais da estrutura, ou seja, estimamos a qualidade da estrutura de forma indireta, sem a necessidade de extrair muitos corpos de prova da estrutura, minimizando os danos e custos.

Os resultados podem ser utilizados para estimar a resistência do concreto, desde que utilizem curva de calibração confiável. Contudo, isso deve ser feito de forma bem criteriosa. A norma NBR 7584/2012 afirma que as curvas de calibração fornecidas pelos fabricantes relacionam-se a concretos preparados em outros países, com condições e materiais distintos da realidade brasileira, devendo-se, assim, dispor de correlações confiáveis obtidas para concretos com materiais locais.

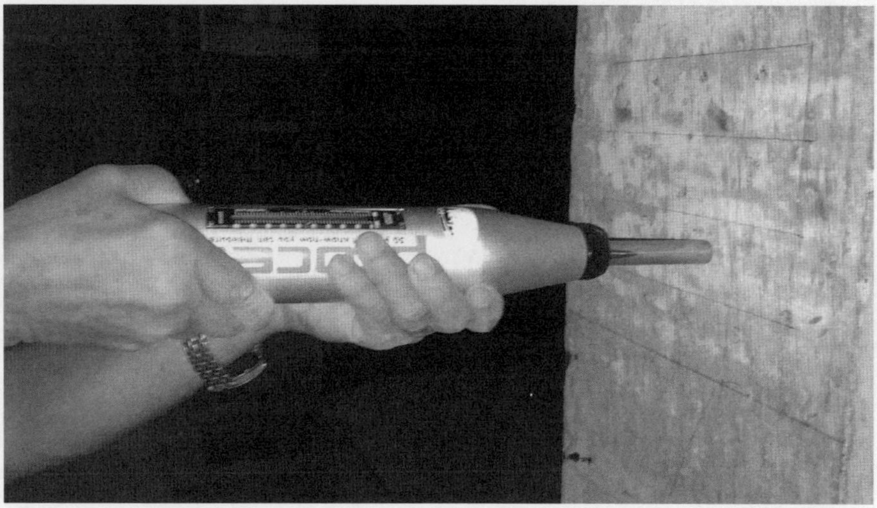

Figura 7.24 – Exemplo de aplicação do esclerômetro.

Prezado leitor, **lembre-se de que o ensaio de esclerômetro não mede a resistência do concreto**, a resistência é apenas **estimada de forma bastante grosseira**. Esse método não pode em hipótese nenhuma ser considerado com um substituto ao ensaio de resistência à compressão.

Os resultados deste ensaio são mais úteis quando são utilizados em conjunto com valores de resistência obtidos a partir de corpos de prova extraídos da estrutura.

De acordo com a ABNT NBR 7584/2012, vários fatores influenciam os resultados, tais como: tipo de cimento; tipo de agregado; tipo de superfície; condições de umidade da superfície; carbonatação e idade da estrutura.

7.2.6.2 Ensaio de ultrassom

Este método envolve a propagação de ondas ultrassônicas em corpo de concreto. O equipamento produz, por meio de um transdutor emissor, um pulso de ondas de compressão e cisalhamento no concreto. Já um transdutor receptor recebe o pulso. O aparelho mede o tempo pelo qual as ondas se propagam entre os pontos de emissão e recepção. Conhecendo a distância entre os dois pontos, a velocidade de onda pode ser determinada. Por meio desse parâmetro, é possível estimar várias propriedades do concreto.

Figura 7.25 – Equipamento de ultrassom.

Fonte: Juliani (2014)

O ensaio de ultrassom pode ser feito em três arranjos distintos: direto, indireto e semidireto. Na forma direta, os transdutores precisam ser posicionados em faces opostas do concreto. Essa forma é a mais recomendada, pois as ondas são recebidas com maior intensidade. As transmissões indireta e semidireta são utilizadas quando não se tem acesso direto às duas faces do concreto. Os detalhes sobre o método de ensaio podem ser conferidos na norma ABNT NBR 8802: 2019.

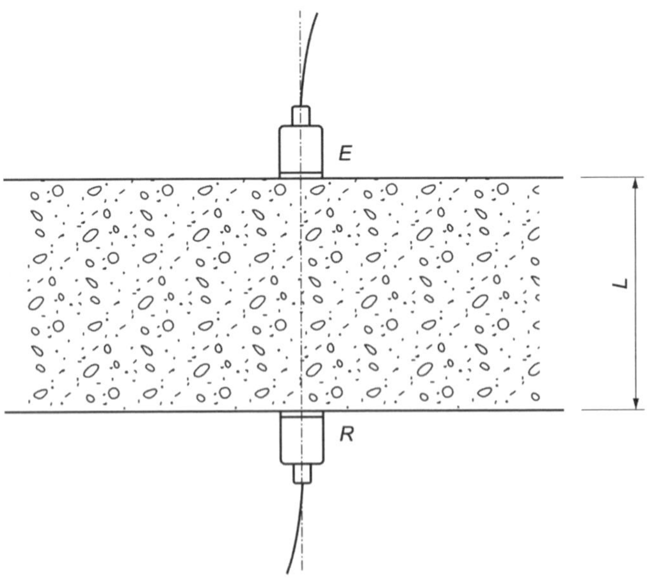

Figura 7.26 – Esquema de transmissão direta do ensaio de ultrassom.

Fonte: ABNT NBR 8802:2019

Esse ensaio apresenta várias aplicações, tais como: estimar a profundidade de fissuras e outras imperfeições; monitorar a variação das propriedades do concreto ao longo do tempo; obter o módulo de elasticidade dinâmico do concreto; estimar a resistência à compressão do concreto por meio de curva de correlação obtida com tratamento estatístico adequado (ABNT NBR 8802:2009).

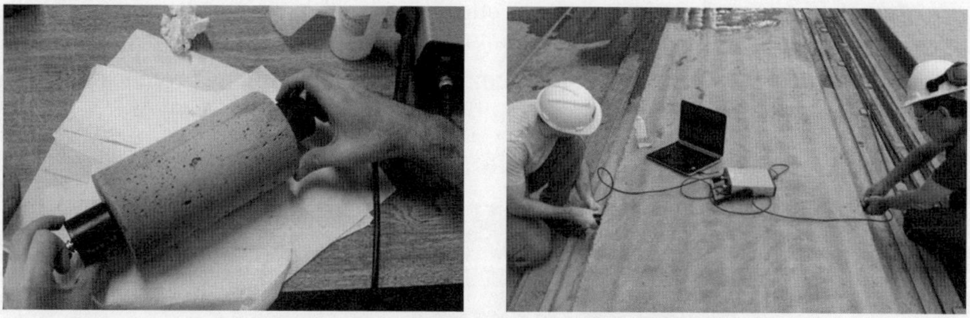

(a) (b)

Figura 7.27 – Ensaio de ultrassom em corpo de prova: (a) de concreto e (b) em laje alveolar.

Fonte: adaptada de Juliani (2014)

7.2.6.3 Ensaio de pacometria

Para localizar a posição das barras de aço no interior do concreto, podemos empregar um pacômetro. Esse ensaio permite também avaliar a espessura de cobrimento do concreto.

Figura 7.28 – Pacômetro para avaliar a posição das barras de aço no interior do concreto.

Fonte: Ramos (2019)

Os principais fatores que influenciam os resultados do ensaio são a rugosidade da estrutura, a taxa de armadura e a presença de impurezas na região do ensaio (RAMOS, 2019).

7.2.6.4 Avaliação da carbonatação

A carbonatação é um processo químico que altera o pH, a resistência, a porosidade, a permeabilidade e a durabilidade do concreto. Esse processo ocorre devido à reação do gás carbônico presente no ar com os compostos de cimento, na presença de água. Em grandes cidades, essa reação é mais intensa devido à poluição.

Figura 7.29 – Avaliação da carbonatação.

Fonte: Tula (2010)

É importante que você saiba que esse fenômeno age de fora para dentro das estruturas de concreto, de forma gradual. Essa camada carbonada é chamada de frente de carbonatação. O problema maior ocorre quando essa frente carbonatada atinge a profundidade em que ficam barras de aço no interior do concreto. A carbonatação reduz o pH do concreto, deixando o local menos alcalino, e dessa forma, retira a camada passivadora que protegia o aço contra a corrosão.

Para avaliar a carbonatação, é possível empregar o indicador químico fenolftaleína. Quando utilizamos esse composto, vemos que a parte não carbonatada altera a sua coloração, ficando avermelhada/rosada. Já a parte carbonatada permanece da mesma cor. Dessa forma, podemos medir a espessura da carbonatação.

MATERIAL EXTRA

Este capítulo apresenta duas videoaulas:

Trabalhabilidade do concreto

http://livro.link/an7

fck do concreto

http://livro.link/an8

Qualquer dúvida, é só deixar um **comentário** nos vídeos. Na medida do possível, vou respondendo. Bons estudos!

EXERCÍCIOS DE FIXAÇÃO

A melhor maneira de saber se você aprendeu é **testando sua memória**. Assim, sugiro que você faça os exercícios de fixação **sem consultar a teoria**. Após terminar, revise os pontos que você errou ou não lembrava.

7.1 Julgue as seguintes afirmativas em verdadeiro (V) ou falso (F):

1. ( ) O concreto é considerado fresco desde o final da pega do cimento.
2. ( ) O que mais influencia na trabalhabilidade é o consumo de água. Quanto maior a relação água/cimento, mais fluida será a mistura.
3. ( ) A redução do consumo de cimento possibilita uma melhor fluidez.
4. ( ) No caso de concretos convencionais usinados, o *slump test* é realizado para aceitação do concreto.
5. ( ) O resultado do ensaio de espalhamento possibilita uma simulação da habilidade do concreto autoadensável ao passar pela armadura.
6. ( ) No Brasil, são mais utilizados os diâmetros de 100 mm e 150 mm para a confecção de corpos de prova para o ensaio de compressão do concreto.
7. ( ) Quanto menor a relação a/c, menor será a resistência do concreto e menor será sua porosidade e permeabilidade.
8. ( ) Em ambientes rurais, o risco de deterioração da estrutura é muito alto.
9. ( ) O concreto resiste muito menos à tração do que à compressão. Isso é um dos motivos de usarmos o aço no concreto armado.

7.2 Complete as frases a seguir:

1. As principais causas de problemas no concreto são: traço ________; excesso ou falta de ________; excesso ou falta de ________; altura de queda do concreto durante o lançamento ________ m.

2. A trabalhabilidade do concreto deve variar com: ________, o ________, ________, entre outros aspectos.

3. O ________, também chamado em inglês de ________, é o procedimento mais usual para avaliar a consistência do concreto convencional e, assim, estimar sua trabalhabilidade.

4. O resultado do ensaio de *slump flow* (espalhamento) é a média de duas medidas de ________ feitas em direções ________.

5. A ________ é considerada, normalmente, como a propriedade mais importante do concreto endurecido.

6. As idades de ________ e ________ dias são as mais usuais para ruptura à compressão de corpos de prova de concreto.

7. A ________ é o principal parâmetro que influencia na trabalhabilidade, resistência, durabilidade e permeabilidade do concreto.

8. A resistência característica do concreto aos 28 dias é chamada de ________.

7.3 Considerando que um corpo de prova de concreto de 15 cm de diâmetro por 30 cm de altura apresentou força de ruptura à compressão de 47,1 tf (tonelada--força), qual é a resistência do concreto em MPa?

7.4 Para um concreto com fck = 35 MPa, calcule qual deve ser a resistência de dosagem. Considere que seu desvio-padrão é igual a 5,0 MPa.

7.5 Calcule a resistência à tração (em MPa) de um corpo de prova submetido ao ensaio de compressão diametral. Considere os seguintes dados: diâmetro igual a 10 cm, comprimento igual a 20 cm, força de ruptura igual a 5 tf.

CAPÍTULO 8

Concreto: execução

Figura 8.1 – Execução do concreto (concretagem).

Uma boa parte dos problemas (manifestações patológicas) nas construções ocorrem por erros na execução e no controle dos materiais empregados. Tendo em vista que as falhas de execução acarretam um alto custo de reparação, neste capítulo comentaremos a respeito das principais etapas da execução de uma estrutura de concreto armado, a saber, preparo prévio, produção, transporte, lançamento, adensamento e cura.

8.1 PREPARO PRÉVIO

Antes da concretagem em si, devem ser tomados vários cuidados. Aqui listaremos alguns; para mais detalhes, deve-se consultar as normas técnicas vigentes, a exemplo da ABNT NBR 14931/2004 – Execução de estruturas de concreto – Procedimento.

8.1.1 FORMAS

Para que o concreto alcance as dimensões pretendidas no projeto, é importante tomar muito cuidado no preparo das fôrmas.

A posição correta das fôrmas deve ser garantida durante todo o processo. Se isso não acontecer, a estrutura pode ser seriamente comprometida. Quando a concretagem envolver elementos estruturais de grande porte, deve-se monitorar com frequência a estrutura e, caso necessário, corrigir eventuais deslocamentos não previstos.

Também devemos tomar cuidado com a estanqueidade das fôrmas, de modo a evitar o vazamento do concreto fresco. O escape da argamassa presente no concreto por brechas pode causar o segregamento do material e desproteger a armadura.

Outro cuidado envolve o uso de desmoldantes que facilitam a retirada das fôrmas. Deve-se tomar cuidado para não colocar pouco ou exagerar no seu consumo. Além disso, esses materiais, de modo geral, não devem deixar resíduos no concreto.

8.1.2 ESCORAMENTO

O escoramento deve ser executado de maneira a não sofrer ruptura nem deformações excessivas. É importante que nenhum escoramento seja retirado enquanto a estrutura não tiver resistência suficiente para aguentar os esforços.

8.1.3 ARMADURA

Armadura é a denominação das barras e dos fios de aço utilizados na preparação do concreto armado. Cada tipo de aço deve ser claramente identificado na obra, evitando, assim, trocas indesejadas. Em nenhum caso pode ser utilizado aço de qualidade diferente da prevista no projeto, sem aprovação prévia do projetista. A armadura deve ser posicionada e fixada no interior das formas de acordo com as especificações de projeto de modo que se mantenha na posição estabelecida durante o lançamento do concreto, conservando inalteradas as distâncias das barras entre si e com relação às faces internas das formas (ABNT NBR 14931/2004).

Outros detalhes sobre a armadura de concreto serão vistos no capítulo de metais.

(a)

(b)

Figura 8.2 – Preparo prévio: (a) posicionamento das formas de pilares de seção retangular; (b) serviços de marcenaria no canteiro de obra.

(a)

(b)

Figura 8.3 – Preparo prévio: (a) formas plásticas (cubetas) para formação de lajes nervuradas; (b) armadura para pilar de seção circular.

8.2 PRODUÇÃO

A produção do concreto deve obter uma mistura homogênea, na qual a pasta de cimento deve necessariamente envolver os agregados. O concreto pode ser preparado na obra ou em usinas de concreto.

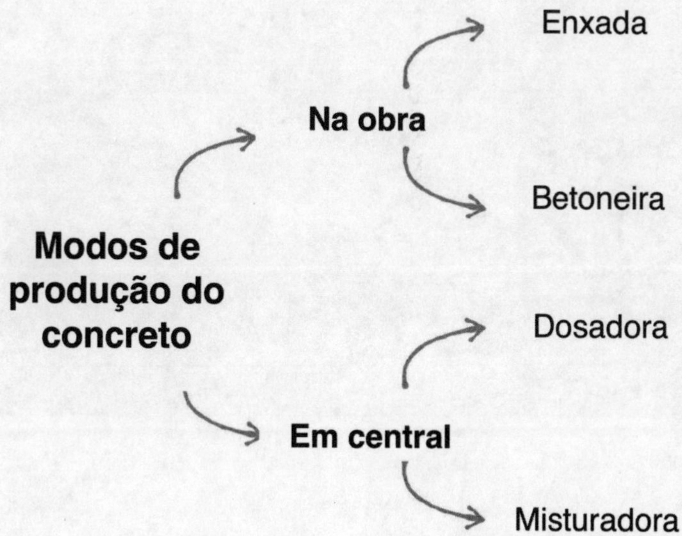

Figura 8.4 – Modos de produção do concreto.

8.2.1 RODADO NA OBRA

A mistura manual do concreto com o auxílio de enxadas deve ser evitada. Excepcionalmente, pode ser autorizada no caso de serviços de baixa importância, sem função estrutural, e com pequenos volumes de concreto. A qualidade desse tipo de mistura é muito precária.

Quando o concreto for misturado na obra, é recomendado o emprego de betoneiras. As betoneiras são tambores equipados com **motores** elétricos que promovem a mistura dos materiais do concreto de maneira mecânica.

O tempo de mistura deve ser o suficiente para permitir a homogeneização de todos os elementos do concreto. Esse período varia conforme o tipo de betoneira, o volume e a consistência do concreto. Quanto maior o volume de concreto a ser misturado e quanto mais seca for sua consistência, maior deverá ser o tempo de mistura.

Figura 8.5 – Betoneira.

Fonte: iStockphoto

8.2.2 PRODUZIDO EM CENTRAL

Atualmente, em obras de médio e grande porte, é mais comum o consumo de concreto usinado (concreto pronto).

Entre as vantagens desse tipo de concreto, podemos destacar: eliminação de desperdícios de areia, brita e cimento; diminuição do número de operários da obra; maior produtividade da equipe; garantia de qualidade do concreto pelo fornecedor; redução do custo total da obra; entre outras.

Existem dois tipos de centrais de concreto: centrais misturadoras e centrais dosadoras.

- As **centrais misturadoras** realizam a dosagem e a mistura do concreto. Nesse caso, o caminhão-betoneira tem a função apenas de transportar o material e mantê-lo homogêneo.
- As **centrais dosadoras** são aquelas que apenas pesam os materiais de acordo com a dosagem do traço e os transferem para o caminhão-betoneira, onde é realizado todo o processo de mistura.

No Brasil, predominam as centrais dosadoras. Por isso, vamos comentar mais detalhes a respeito desse tipo de central.

Figura 8.6 – Vista de uma central dosadora de concreto.

Figura 8.7 – Outra vista de uma usina dosadora.

Na usina mostrada, os agregados são colocados na moega por meio de pás carregadeiras. Em seguida, eles são transportados por meio de esteiras rolantes até a balança de agregados. No centro de controle, o processo de dosagem é feito de modo automatizado, conforme o traço de concreto requerido. Os agregados, o cimento, a água e os aditivos são adicionados ao caminhão-betoneira e então misturados.

(a)

(b)

Figura 8.8 – Concreto dosado em central: (a) detalhe dos agregados já pesados sendo levados por uma esteira ao caminhão-betoneira; (b) carregamento do caminhão-betoneira.

8.3 TRANSPORTE E LANÇAMENTO

Após a mistura do concreto, é necessário transportar e lançar o material no local desejado. O modo de transporte não deve provocar desagregação dos componentes do concreto ou perda pronunciada de água, pasta ou argamassa por vazamento ou evaporação.

O transporte do concreto deve ser realizado da maneira mais rápida possível, sempre antes do início das reações de hidratação do cimento (início de pega). Lembre-se de que você não deve aceitar o concreto depois do tempo de início de pega do cimento.

De modo geral, exceto em condições específicas definidas no projeto, ou influência de condições climáticas ou de composição do concreto, recomenda-se que o intervalo de tempo transcorrido entre o instante em que a água de amassamento entra em contato com o cimento e o final da concretagem não ultrapasse 2 h e 30 min. Quando a temperatura ambiente for elevada, esse intervalo de tempo deve ser reduzido, a menos que sejam adotadas medidas especiais, como o uso de aditivos retardadores (ABNT NBR 14931/2004).

Quando o concreto é preparado em central, ele necessita ser transportado até a obra sem segregar, para tanto, empregamos **caminhões-betoneira**. O nome caminhão-betoneira é autoexplicativo (caminhão acoplado a uma betoneira). Existem vários tamanhos de caminhão-betoneira distintos. As capacidades mais comuns são de: 5, 8 ou 10 m^3.

O caminhão-betoneira, ao se deslocar em direção à obra, deve misturar de maneira lenta e constante os materiais no interior de seu tambor de modo a evitar a segregação dos componentes.

Quando o concreto usinado chega à obra ou quando é misturado no próprio canteiro, ele precisa ser transportado horizontal e verticalmente até o ponto de lançamento.

Em obras de menor porte, geralmente o **transporte horizontal** do concreto é feito empregando carrinho de mão (uma roda) ou giricas (duas rodas). Já o **transporte vertical** é feito com o uso de roldanas e baldes ou elevadores de serviço. Esses modos apresentam baixa produtividade e necessitam do emprego de maior mão de obra.

Figura 8.9 – Carrinho de mão.

Fonte: iStockphoto

É importante que o deslocamento com carrinho de mão ou girica seja curto para evitar a segregação do concreto.

Em obras de médio e grande porte, são empregadas, com frequência, bombas de concreto ou gruas. Esses dois métodos proporcionam o **transporte horizontal** e **vertical** do concreto.

O concreto deve ser lançado de modo que toda a armadura e componentes embutidos sejam adequadamente envolvidos pela massa de concreto.

A fôrma deve ser preenchida uniformemente, evitando o lançamento em pontos concentrados, de modo a não provocar deformações.

8.3.1 EMPREGO DE GRUAS

Embora menos produtivo que o concreto bombeado, o emprego de gruas e caçambas é uma boa alternativa para transportar o concreto no canteiro de obras, de maneira horizontal e vertical, até o ponto da aplicação.

Figura 8.10 – Emprego de gruas para lançamento de concreto.

Fonte: Canstock

Para agilizar os serviços, é importante o uso de duas caçambas alternadas: enquanto uma é empregada na concretagem, a outra é carregada.

8.3.2 EMPREGO DE BOMBAS

Bombear o concreto por meio de tubulações e mangotes é uma maneira eficiente de transportar o material até o local exato de lançamento.

Para que o concreto possa ser adequadamente bombeado, ele tem que ter uma consistência um pouco mais fluida e um teor de argamassa maior do que em outros métodos de lançamento, de modo a evitar o entupimento da bomba e de tubulações.

Além disso, o diâmetro interno do tubo de bombeamento deve ser no mínimo quatro vezes o diâmetro máximo do agregado.

O concreto bombeado apresenta uma série de vantagens, como distribuição eficiente do concreto, redução do número de operários envolvidos, aplicação contínua e maior agilidade na execução do serviço. Em alguns casos, a produtividade ultrapassa 80 m^3 de concreto por hora. Os outros métodos de lançamento apresentam produtividades na ordem de 5 a 15 m^3 por hora.

Existem basicamente três tipos de equipamentos utilizados para o bombeamento do concreto: bomba estacionária, autobomba e caminhão bomba lança.

A **bomba estacionária**, também denominada de bomba reboque, é uma bomba de concreto simples, sem mastro distribuidor, que necessita ser transportada até a obra por um veículo automotor.

A **autobomba** consiste numa bomba de concreto instalada diretamente sobre um veículo automotor, e também não apresenta mastro distribuidor.

A bomba estacionária e a autobomba dependem da montagem de tubulação para lançar o concreto. O recorde mundial de bombeamento com bomba estacionária pertence ao Burj Khalifa (600 m de altura).

A **bomba lança** é montada sobre o chassi de um caminhão. Esse tipo de equipamento possui um mastro de distribuição que é movimentado por meio de cilindros hidráulicos. A estabilização do equipamento é feita por meio de braços acoplados à carroceria.

Alguns caminhões bomba lança possuem controle remoto sem fio, facilitando a sua operação em locais de difícil visualização do serviço da concretagem.

Em comparação aos outros tipos de bombeamento, a vantagem do uso de bomba lança é que dispensa a montagem e as desmontagens de tubulações. Entretanto, apresenta como desvantagem a sua limitação de alcance, geralmente em torno de 30 m.

(a)

(b)

Figura 8.11 – Concreto bombeado: (a) vista panorâmica dos equipamentos de concretagem (caminhão-betoneira e bomba lança); (b) detalhe do despejo do concreto na bomba.

(a)

(b)

Figura 8.12 – Concreto bombeado: (a) concretagem de um pilar (observe o operário operando a lança de concreto com um controle sem fio); (b) equipe concretando uma laje.

8.4 ADENSAMENTO

Durante e imediatamente após o lançamento, o concreto deve ser adensado energicamente com equipamento adequado à sua consistência.

Existem vários equipamentos que podem ser utilizados no adensamento do concreto, como as réguas vibratórias, mesas vibratórias e vibradores de imersão (agulha). A Figura 8.13 mostra o adensamento de um pilar com vibrador de imersão.

Figura 8.13 – Adensamento de um pilar com vibrador de imersão.

O adensamento deve ser cuidadoso para que o concreto preencha todos os recantos das fôrmas. O seu objetivo é expulsar o ar aprisionado da mistura e forçar que as partículas fiquem mais próximas umas das outras, melhorando a aparência, a resistência, a impermeabilidade e a durabilidade do concreto.

O tempo de adensamento não é definido em norma; tanto a falta de vibração quanto o excesso são prejudiciais à qualidade do concreto. A falta acarreta a permanência dos vazios e o excesso ocasiona a segregação do concreto.

A seguir, abordaremos alguns cuidados no adensamento com vibradores de imersão, com base na norma ABNT NBR 14931/2004:

- aplicar o vibrador na posição vertical;
- vibrar o maior número de pontos possível ao longo do elemento estrutural;

- retirar o vibrador lentamente, mantendo-o sempre ligado, de modo a evitar a formação de "buracos" na massa de concreto;
- não permitir que o vibrador entre em contato com a parede da forma, para evitar a formação de bolhas de ar na superfície da peça;
- promover um adensamento uniforme e adequado de toda a massa de concreto;
- mudar o vibrador de posição quando a superfície se apresentar brilhante.

8.5 CURA

Você sabe o motivo pelo qual os operários molham o concreto depois de endurecido?

Isso se chama cura do concreto. A cura evita a evaporação prematura da água necessária à hidratação do cimento e permite um controle da temperatura do material.

Principalmente em dias quentes e secos, parte da água de amassamento do concreto pode ser perdida para o ambiente em razão do processo de evaporação. Isso é mais pronunciado no caso de pisos e lajes, pois apresentam maior área de exposição ao vento e ao sol do que pilares e vigas.

Quando o concreto fresco perde umidade, a reação do cimento com água fica prejudicada. Além disso, a água que evapora deixa espaços vazios (poros). Esses fatores reduzem a resistência do concreto de maneira significativa. A cura não somente aumenta a resistência do concreto, como também reduz sua porosidade e permeabilidade. Em suma, um concreto bem curado é mais denso e mais durável.

A falta de cura pode reduzir a resistência do concreto pela metade.

A cura pode ser iniciada logo após a solidificação do concreto (após o tempo de fim de pega). No entanto, nas obras, a cura do concreto se inicia geralmente cerca de 6 a 12 horas após o lançamento.

No caso de concretos estruturais, a ABNT NBR 14.931/2004 preconiza que a cura deve ser estendida até o concreto alcançar a resistência de 15 MPa. No entanto, de maneira prática, é recomendável que a cura seja continuada pelo maior tempo possível, sendo usual pelo menos 5 a 7 dias.

A cura do concreto pode ser feita de forma úmida, química ou por meio de vapor.

8.5.1 CURA ÚMIDA

O método mais efetivo de curar o concreto é manter a superfície saturada até que seja atingida a resistência especificada. Isso pode ser feito de várias maneiras, como pela aspersão de água com mangueira e pelo emprego de mantas umedecidas.

Figura 8.14 – Cura úmida do concreto.

Fonte: U.S. Navy/Wikimedia

8.5.2 CURA QUÍMICA

A cura química consiste na aspersão de um produto sobre a superfície de concreto que gera uma película impermeável, minimizando a evaporação da água.

8.5.3 CURA A VAPOR

Em alguns casos, a exemplo da fabricação de pré-moldados, é comum que o concreto seja curado com o emprego de vapor a altas temperaturas. A elevação da temperatura do concreto acelera a reação química de hidratação do cimento e, consequentemente, a velocidade de crescimento da resistência da peça.

Com o ganho de resistência rápido, é possível manusear o produto e retirá-lo da forma de modo breve, praticamente logo após a moldagem.

8.5.4 CURA NO LABORATÓRIO

No laboratório, os corpos de prova são curados em câmara úmida, ou então submersos em tanques até o momento da ruptura.

8.6 CONTROLE TECNOLÓGICO

Para garantir a qualidade do concreto, é importante que seja feito um bom controle tecnológico tanto no preparo do concreto quanto na etapa de recebimento.

Em geral, nas **usinas de concreto**, são feitos diversos ensaios para desenvolver os traços e garantir a qualidade. Vimos vários deles nos capítulos de agregados, cimento e propriedades do concreto.

Nas obras, para aceitação do concreto, devem ser realizados ensaios de controle das propriedades do concreto fresco e do concreto endurecido. **No mínimo**, deve-se conferir o ***slump test*** e moldar corpos de prova para avaliar a **resistência à compressão**. Esses ensaios permitem aferir se o concreto atende ao solicitado no projeto.

Para o concreto preparado por empresa de serviços de concretagem (concreto usinado), devem ser realizados ensaios de consistência em cada caminhão-betoneira que chega à obra.

No caso de concretos especiais, outros ensaios também podem ser exigidos. Por exemplo, para o controle de concretos autoadensáveis podem ser exigidos os ensaios de ensaio de espalhamento (*slump flow test*) e habilidade passante (*j-ring*).

A respeito do controle da resistência do concreto, os detalhes devem ser conferidos na norma NBR 12655/2022.

Na Figura 8.15, vemos um exemplo de controle tecnológico simples. Na obra mostrada, para cada caminhão-betoneira que chegava, uma amostra de concreto era extraída para a realização do ensaio de abatimento (*slump test*) e para a moldagem de corpos de prova. Um dia após a moldagem, os corpos de prova eram levados, com cuidado, a um laboratório especializado, onde eram rompidos nas idades de 7 e 28 dias.

Retirada de amostra

Realização do *slump test*

Resultado do *slump test*

Moldagem de 4 CP

Identificação do CP

Depois, os corpos de prova (CP) são levados ao laboratório para serem rompidos nas idades requeridas (exemplo 7 e 28 dias)

Figura 8.15 – Controle tecnológico (simples) no recebimento do concreto.

MATERIAL EXTRA

Este capítulo apresenta duas videoaulas:

Execução do Concreto

http://livro.link/an9

Cura do concreto

http://livro.link/an10

Qualquer dúvida, é só deixar um **comentário** nos vídeos. Na medida do possível, vou respondendo. Bons estudos!

EXERCÍCIOS DE FIXAÇÃO

A melhor maneira de saber se você aprendeu é **testando sua memória**. Assim, sugiro que você faça os exercícios de fixação **sem consultar a teoria**. Após terminar, revise os pontos que você errou ou não lembrava.

8.1 Julgue as seguintes afirmativas em verdadeiro (V) ou falso (F):

1. ( ) O concreto virado na obra mediante enxada é o mais comum, apresentando qualidade superior ao misturado na betoneira.
2. ( ) Em obras de menor porte, geralmente o transporte horizontal do concreto é feito empregando carrinhos de mão ou giricas.
3. ( ) O deslocamento com carrinho de mão ou girica deve ser curto para evitar a segregação do concreto.
4. ( ) No adensamento do concreto, o vibrador deve ser aplicado na horizontal para aumentar a área de contato.

5. ( ) Para um adequado controle tecnológico do concreto, deve-se, no mínimo, conferir o *slump test* e moldar corpos de prova para avaliar a resistência à compressão.

8.2 Complete as frases a seguir:

1. As centrais ________ realizam a dosagem e a mistura do concreto.

2. As centrais ________ são aquelas que apenas pesam os materiais e os transferem para o caminhão-betoneira, onde é realizado todo o processo de mistura.

3. Existem, basicamente, três tipos de equipamentos utilizados para o bombeamento do concreto: ________, ________ e ________.

4. A cura do concreto pode ser feita de forma ________, ________ ou por meio de ________.

CAPÍTULO 9

Concretos especiais

Figura 9.1 – Concreto translúcido.

Fonte: Luxgineer/Wikimedia

Com o avanço da ciência e da tecnologia, foram desenvolvidos vários tipos de concretos com propriedades especiais para determinadas aplicações.

Neste capítulo, apresentaremos um pouco sobre os seguintes concretos: translúcido, de alta resistência, de alto desempenho, autoadensável, projetado, compactado com rolo, leve, permeável e flexível.

9.1 CONCRETO TRANSLÚCIDO

Por mais incrível que possa parecer, existe um tipo inovador de concreto que apresenta certo grau de transparência. O conceito de concreto translúcido foi apresentado na Hungria em 2001, e o primeiro bloco dessa tecnologia foi produzido com sucesso em 2003. Nos anos seguintes, esse concreto inovador foi mais difundido por sua estética agradável.

O concreto translúcido apresenta resistência e durabilidade semelhantes ao do concreto tradicional, porém, permite a passagem de luz. É geralmente produzido com o emprego de fibras ópticas que orientam a passagem de luz ou com resinas plásticas especiais. A vantagem desse tipo de concreto é o melhor aproveitamento da luz natural, podendo reduzir o consumo de energia elétrica. No entanto, apresenta um alto custo que o inviabiliza para as aplicações correntes, sendo empregado mais para fins artísticos. A Figura 9.2 ilustra a composição esquemática do concreto translúcido.

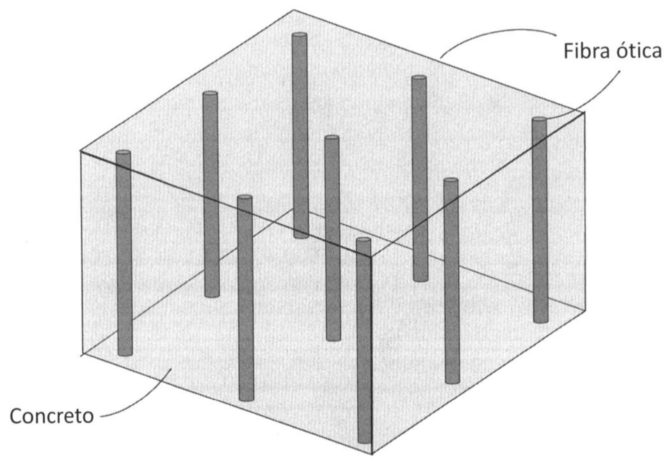

Figura 9.2 – Composição esquemática do concreto translúcido.

9.2 CONCRETO PERMEÁVEL

O concreto permeável é composto por cimento, água, agregado graúdo e pouco (ou nenhum) agregado miúdo. A ausência de grãos pequenos proporciona um alto índice de vazios, alcançando cerca de 20% a 35%. Esses poros permitem a percolação da água sem maiores dificuldades.

Ele pode ser aplicado com fins de drenagem em pavimentos de concreto (estacionamentos, pátios, ruas etc.). O interessante é que seu uso pode reduzir a incidência de alagamentos e realimentar as águas subterrâneas. Entretanto, deve-se tomar cuidado com a manutenção do pavimento. Se ela não for bem-feita, os poros serão preenchidos com folhas ou outros dejetos, obstruindo a percolação da água.

Figura 9.3 – Corpo de prova de um concreto permeável.

9.3 CONCRETO DE ALTA RESISTÊNCIA (CAR)

O concreto de alta resistência (CAR) é um concreto que alcança resistência superior ao concreto convencional. Podem ser considerados como concretos de alta resistência aqueles que ultrapassam 50 Mpa de resistência à compressão.

Com o emprego de CAR, é possível construir estruturas de prédios com dezenas ou até centenas de andares, o que antigamente era possível apenas com estruturas metálicas.

A utilização de CAR apresenta várias vantagens. Como o material é muito mais resistente do que o convencional, é possível reduzir as dimensões dos elementos estruturais, com consequente diminuição das seções da estrutura, aumentando a área útil disponível para a comercialização.

Ademais, o concreto de alta resistência é de certo modo mais sustentável, pois possibilita a construção de estruturas mais esbeltas (menores dimensões), com minimização do consumo de recursos naturais.

No entanto, esse tipo de concreto apresenta algumas desvantagens, como o maior custo, em virtude do maior consumo de cimento, aditivos e adições, e a necessidade de cuidado redobrado no momento da execução, de modo a garantir o alcance da resistência definida no projeto.

De acordo com Mehta e Monteiro (2008), o consumo de cimento nesses tipos de concreto é comumente acima de 400 kg/m^3, sendo investigados teores de 600 kg/m^3 ou mais, embora não sejam desejáveis por questões de custo e de retração térmica.

Assim, a seleção dos agregados deve ser criteriosa, pois, em concretos de alta resistência, a qualidade deles pode ser um fator limitante.

Um dos principais fatores que possibilita o alcance de concretos de alta resistência é a baixa relação água/cimento. Assim, é necessário o emprego de aditivos superplastificantes para que seja possível reduzir o a/c sem alterar a trabalhabilidade da mistura.

As adições minerais, como a microssílica, também são comuns nos concretos de alta resistência. Por serem muito menores do que o cimento, essas adições aumentam a compacidade da mistura (preenchem os vazios) e, consequentemente, elevam a resistência e a durabilidade do concreto.

Figura 9.4 – A necessidade de construir prédios cada vez mais altos incentivou o desenvolvimento de concretos mais resistentes.

Fonte: Canstock

9.4 CONCRETO DE ALTO DESEMPENHO (CAD)

O concreto de alto desempenho (CAD) é um material que apresenta um comportamento melhor que o concreto convencional, atendendo adequadamente às exigências requeridas pelo projetista.

Considera-se como desempenho não apenas a resistência, mas também a trabalhabilidade, a estética, a durabilidade, entre outras propriedades (Ribeiro *et al.*, 2011). Um concreto de alto desempenho não obrigatoriamente necessita apresentar uma alta resistência.

9.5 CONCRETO FLEXÍVEL

O concreto flexível, denominado em inglês de *engineered cementitious composite* (ECC), é um tipo inovador de composto de cimento reforçado com fibras selecionadas de pequenos tamanhos.

Diferentemente do concreto convencional, o ECC não contém agregado graúdo e tem uma grande ductilidade. Em razão da ausência de agregado graúdo, tecnicamente poderíamos denominá-lo como uma argamassa. A sua capacidade de deformação alcança cerca de 3% a 7%, ou seja, cerca de 100 vezes mais maleável do que o concreto convencional. O concreto flexível ainda consegue manter uma resistência à compressão muito próxima à verificada nos concretos tradicionais.

9.6 CONCRETO AUTOADENSÁVEL (CAA)

O concreto autoadensável (CAA) é uma das maiores revoluções tecnológicas que aconteceram na indústria do concreto nos últimos cinquenta anos. Foi desenvolvido no Japão na década de 1980. Desde então, o concreto autoadensável vem sendo utilizado de maneira expressiva em países desenvolvidos. Atualmente, também já é largamente aplicado no Brasil.

O CAA consiste num concreto com alta fluidez, coeso, capaz de preencher as fôrmas, adensando-se pelo seu peso próprio sem necessitar de vibração interna ou externa. Esse tipo de concreto facilita muito a execução da concretagem.

O CAA deve ainda ser capaz de fluir sem se segregar, ou seja, as partículas de agregado devem ser distribuídas de modo homogêneo na mistura, tanto em repouso quanto ao fluir pelos diversos obstáculos, como ao passar pelas barras de aço. A alta fluidez e coesão do CAA é alcançada com o uso de aditivos superplastificantes e modificadores de viscosidade.

Figura 9.5 – O concreto autoadensável (CAA) apresenta consistência líquida e alta coesão.

Fonte: iStockphoto

Algumas vantagens do concreto autoadensável, em relação ao concreto convencional, são:

- melhor adensamento da mistura: sua fluidez minimiza a ocorrência de vazios (ninhos), melhorando o acabamento e reduzindo a necessidade de reparos após a concretagem;
- menor poluição sonora: a ausência de vibração reduz o barulho durante a concretagem. Isso é particularmente interessante no caso de reformas em locais sensíveis, como hospitais e escolas;
- menor mão de obra: o CAA possibilita uma redução do número de trabalhadores durante a concretagem;
- menor tempo de execução: o CAA apresenta maior facilidade de bombeamento e velocidade de concretagem.

O ensaio mais comum para avaliar a trabalhabilidade desse tipo de concreto é ensaio de espalhamento, já apresentado anteriormente. Por meio desse ensaio, podemos classificar o CAA em três classes de espalhamento (*slump flow*), conforme a tabela a seguir:

Quadro 9.1 – Classes de espalhamento do CAA em função da sua aplicação

Classe de espalhamento	Espalhamento (mm)	Aplicação	Exemplo
SF 1	550 a 650	Estruturas não armadas ou com baixa taxa de armadura e embutidos, cuja concretagem é realizada a partir do ponto mais alto, com deslocamento livre. Estruturas que requerem uma curta distância de espalhamento horizontal do concreto autoadensável.	Lajes Estacas e certas fundações profundas
SF 2	660 a 750	Adequada para a maioria das aplicações correntes.	Paredes, vigas, pilares e outras
SF 3	760 a 850	Estruturas com alta densidade de armadura e/ou de forma arquitetônica complexa, com o uso de concreto com agregado graúdo de pequenas dimensões (menor que 12,5 mm).	Pilares-parede Paredes-diafragma Pilares

Fonte: ABNT NBR 15823-1: 2017

9.7 CONCRETO COMPACTADO COM ROLO (CCR)

O concreto compactado com rolo (CCR) é um material empregado na construção de barragens, pavimentos e pisos.

O CCR é utilizado de forma massiva para construção de barragens. Por exemplo, a construção da Usina Hidrelétrica Santo Antônio, localizada no rio Madeira, em Roraima, considerada a quarta maior hidrelétrica do Brasil, consumiu mais de 150 mil metros cúbicos de CCR apenas na execução das barragens de gravidade direita e esquerda.

No caso de pavimentos, o CCR poderá ser utilizado na base, recebendo uma camada superior de revestimento, ou como o próprio revestimento definitivo da via.

Os materiais constituintes do CCR são, basicamente, os mesmos empregados nos concretos convencionais, ou seja, cimento, areia, brita e água. As diferenças principais residem no modo de adensamento e no traço, ou seja, na proporção dos diferentes materiais.

O CCR deve ser produzido com um baixo teor de água. A consistência seca possibilita a movimentação de pesados rolos compressores vibratórios sobre a superfície, sem espraiar o concreto.

Em relação aos concretos convencionais, o CCR apresenta maior teor de agregados e menor consumo de cimento. O baixo consumo de cimento, além de aspectos econômicos, reduz o calor de hidratação e, consequentemente, minimiza a ocorrência de fissuras e trincas de origem térmica.

O concreto compactado com rolo pode ser lançado em camadas. O rolo executa várias passadas, de modo a garantir o adequado adensamento do material.

Para aferir a qualidade dos serviços, são feitos ensaios em laboratório e em campo. Em relação aos concretos convencionais, a avaliação da resistência à compressão é menos importante.

O que impera nesse tipo de obra é a avaliação da massa específica da camada. O grau de adensamento em campo é comparado com o grau máximo de compactação obtido no laboratório.

Figura 9.6 – Rolo compactador.

Fonte: iStockphoto

9.8 CONCRETO PROJETADO

Este tipo de concreto é transportado por meio de tubulações e projetado sob pressão, com auxílio de ar comprimido, em alta velocidade sobre uma superfície. Pode ser utilizado para revestimento de túneis, canais e taludes.

As principais vantagens do concreto projetado são a velocidade de execução e o fato de não precisar de formas. O impacto do material sobre a superfície promove a compactação, sem a necessidade de vibradores.

Nesse tipo de concreto, é muito comum o emprego de aditivos aceleradores de pega.

O concreto pode ser projetado por via seca ou úmida. No primeiro caso, a areia, a brita e o cimento são conduzidos secos por meio de ar comprimido até o bico de projeção, e somente nesse ponto é acrescentada a água. No segundo caso, os materiais são misturados com água antes da projeção e são conduzidos úmidos.

Quadro 9.2 – Diferenças entre a projeção via seca e via úmida

Fator	Via seca	Via úmida
Equipamento	Menos investimento	Menos consumo de ar comprimido
Mistura	Na obra ou na usina	Na usina
Reflexão	15% a 50%	Menor que 10%
Poeira e névoa gerada	Grande	Pouca
Produção	Menor que 5 m^3/h	Até 20 m^3/h
Homogeneidade	Menor	Maior

Fonte: adaptado de Figueiredo e Helene (1993)

Denomina-se reflexão o processo que ocorre durante a projeção do concreto, na qual parte do material reflete, ou seja, não fica incorporada na superfície, caindo no chão.

O índice de reflexão é a relação entre a massa do material refletido pela massa do material projetado. Quanto menor a reflexão, menor será o desperdício do material.

Observa-se que o concreto projetado apresenta limitações de diâmetro máximo do agregado graúdo.

9.9 CONCRETOS LEVES

A massa específica dos concretos convencionais varia entre 2.000 e 2.800 kg/m^3. Já os concretos leves apresentam massa específica entre 400 kg/m^3 e 2.000 kg/m^3.

Em relação aos concretos convencionais, os concretos leves apresentam várias vantagens e algumas desvantagens. Proporcionam melhor isolamento térmico, acústico e contra o fogo. Além disso, sobrecarregam menos a estrutura em razão de seu próprio baixo peso. No entanto, apresentam menores resistências.

Alguns tipos de concretos leves podem ser empregados com função estrutural, desde que alcancem resistência à compressão superior a 17 Mpa aos 28 dias de idade.

O concreto com agregados leves e o concreto celular são os dois principais tipos de concretos leves utilizados em obras.

Em qualquer tipo de concreto leve, a menor densidade é obtida pela introdução de espaços vazios. Os agregados leves apresentam os vazios (poros) no interior dos grãos. Enquanto no caso do concreto celular, os vazios são introduzidos por meio de bolhas na argamassa.

9.9.1 CONCRETO COM AGREGADOS LEVES

Os concretos com agregados leves são feitos a partir da substituição de agregados usuais por agregados mais leves, reduzindo, assim, a massa específica do concreto. Existem vários tipos de agregados leves que podem ser utilizados para a produção de concretos, como argila expandida, vermiculita expandida, pedra-pomes, entre outros. Além do agregado em si, é possível usar EPS (isopor).

Os vários tipos de agregados leves possibilitam uma ampla faixa de variação da massa específica do concreto.

As resistências desses concretos à compressão variam de 0,2 Mpa até cerca de 30 Mpa.

Figura 9.7 – Concreto produzido com argila expandida.

9.9.2 CONCRETO CELULAR

O concreto celular apresenta bolhas de ar ou gás em sua matriz cimentícia. Rigorosamente, a designação "concreto" é inadequada, pois, em geral, não são empregados agregados graúdos. Para a produção das bolhas, pode ser utilizada espuma.

O concreto celular é muito utilizado para confecção de blocos. É muito indicado por ser leve, ter alto isolamento acústico e ser fácil de trabalhar. O concreto celular pode ser até cerrado em razão da distribuição uniforme de suas bolhas de ar. Uma desvantagem desse concreto é sua alta absorção de água e sua permeabilidade, muito superiores às dos demais tipos de blocos.

Além do concreto celular comum, existe o concreto celular autoclavado. A diferença entre um e outro reside basicamente no processo de cura. No segundo, a cura é feita em um equipamento chamado autoclave, que controla a temperatura e a pressão para acelerar o processo de produção.

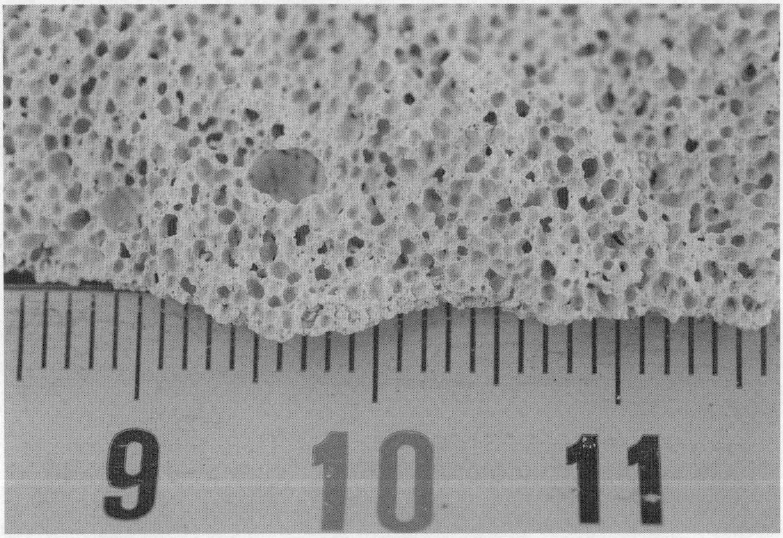

Figura 9.8 – Detalhe das bolhas de ar em corte de concreto celular autoclavado.

Fonte: Bernadini/Wikimedia

9.10 CONCRETO AUTORREGENERATIVO

Um dos maiores problemas do concreto é a formação de fissuras e trincas. Essas falhas reduzem a vida útil das estruturas e aumentam os custos de manutenção. Para mitigar esses problemas, estão sendo desenvolvidos nos últimos anos concretos autorregenerativos, que têm a capacidade de cobrir suas fissuras de forma natural.

Esse tipo de material é feito utilizando alguns tipos específicos de bactérias resistentes ao ambiente alcalino do concreto. As bactérias ficam adormecidas no interior do material até serem ativadas pela presença de água proveniente das fissuras. Esse processo provoca a multiplicação dos microrganismos e, dessa forma, a produção de grandes quantidades de produtos à base de carbonato de cálcio. Esses produtos preenchem naturalmente as fissuras e servem de barreira para impedir a entrada de agentes químicos prejudiciais ao concreto. Isso permite que o concreto seja recuperado de forma natural.

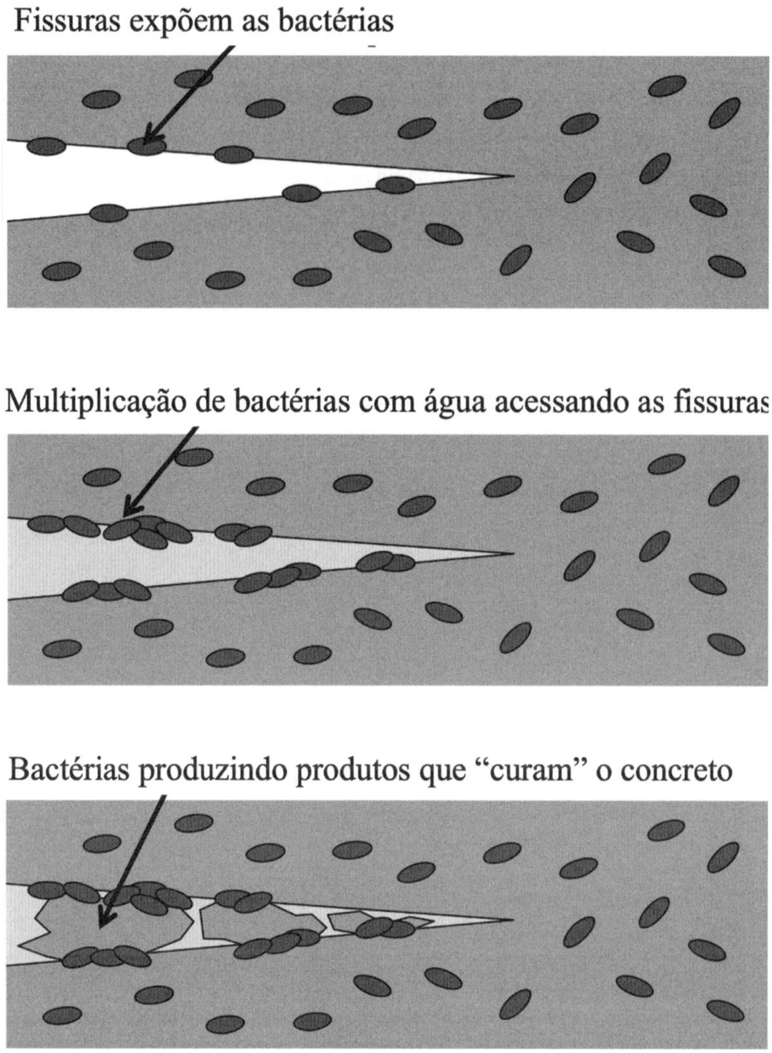

Figura 9.9 – Mecanismo de autocura do concreto.

Fonte: adaptada de Li e Herbert (2012)

EXERCÍCIOS DE FIXAÇÃO

A melhor maneira de saber se você aprendeu é **testando sua memória**. Assim, sugiro que você faça os exercícios de fixação **sem consultar a teoria**. Após terminar, revise os pontos que você errou ou não lembrava.

9.1 Julgue as seguintes afirmativas em verdadeiro (V) ou falso (F):

1. ( ) O concreto translúcido apresenta resistência e durabilidade inferiores ao do concreto tradicional.

2. ( ) O concreto permeável não precisa de manutenção frequente.
3. ( ) O concreto de alta resistência é menos sustentável do que o tradicional.
4. ( ) A alta fluidez e coesão do CAA é alcançada com o uso de aditivos superplastificantes e modificadores de viscosidade.
5. ( ) O concreto autoadensável consome mais mão de obra em razão de ser mais fluido.
6. ( ) O CCR deve ser produzido com um baixo consumo de cimento e com consistência seca.
7. ( ) O concreto pode ser projetado por via seca ou úmida.
8. ( ) O índice de reflexão é a relação entre a massa do material refletido pela massa do material projetado.
9. ( ) O concreto com agregados leves e o concreto celular são dois principais tipos de concretos leves utilizados em obras.
10. ( ) O concreto com agregados leves é também chamado de concreto aerado.

9.2 Complete as frases a seguir:

1. O concreto ________ possibilita um melhor aproveitamento da luz natural, podendo reduzir o consumo de energia elétrica.

2. O concreto ________ pode reduzir a incidência de alagamentos e realimentar as águas subterrâneas.

3. O concreto ________ é um concreto que alcança resistência superior ao concreto convencional, comum em sua época.

4. O concreto de ________ é um material que apresenta um comportamento melhor que o concreto convencional, atendendo adequadamente às exigências requeridas pelo projetista.

5. No concreto ________, é muito comum o emprego de aditivos aceleradores de pega.

6. O concreto ________ é um tipo de composto de cimento reforçado com fibras selecionadas de pequenos tamanhos.

7. O concreto ________ é um material empregado na construção de barragens, pavimentos e pisos.

8. O concreto ________ consiste num concreto com alta fluidez, coeso, adensando-se sem necessitar de vibração interna ou externa.

CAPÍTULO 10

Madeira

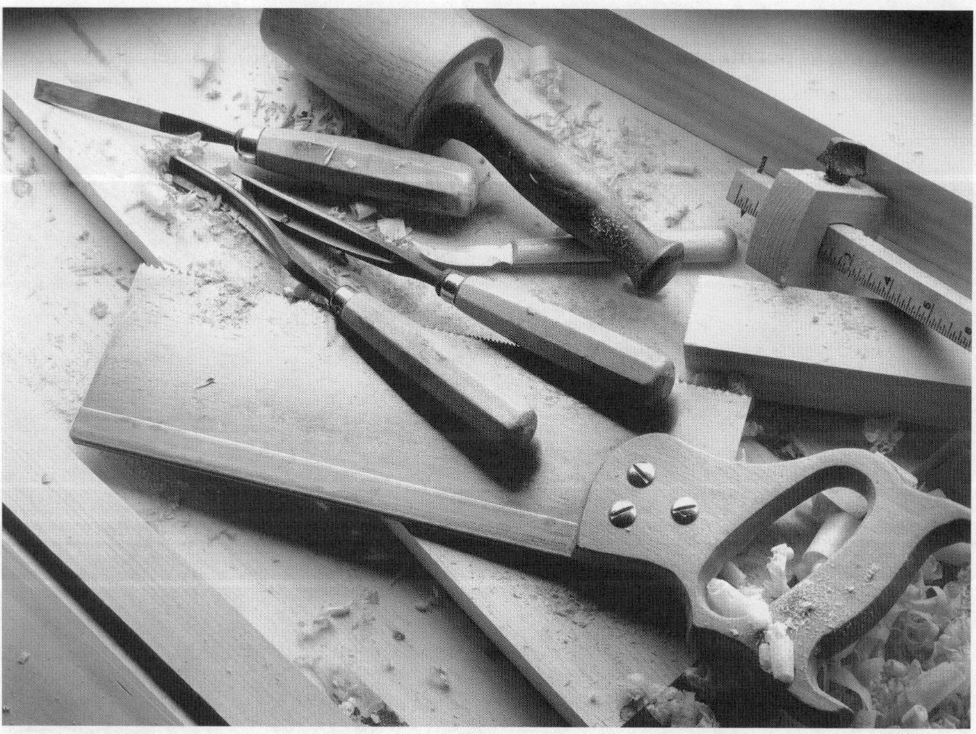

Figura 10.1 – Madeira: um dos materiais mais fáceis de utilizar.

Fonte: Pixabay

A madeira foi um dos primeiros materiais empregados pelo homem. Em razão de suas propriedades únicas, como estética, baixo peso e isolamento térmico, ela continua sendo um dos materiais mais utilizados.

Neste capítulo, falaremos sobre a madeira, destacando os principais mitos e propriedades, e no próximo capítulo trataremos sobre as madeiras transformadas.

10.1 INTRODUÇÃO

A madeira é um material fantástico que apresenta inúmeras qualidades. Possui textura e desenho inconfundíveis que passam uma sensação de conforto e aconchego aos ambientes. Pode ser manuseada, colada e usinada com ferramentas simples, de maneira ágil e segura.

A madeira é utilizada em inúmeros setores, como na fabricação de papéis, lápis, embalagens, embarcações e móveis em geral.

Na construção civil, a madeira pode ser empregada em praticamente todas as etapas, desde partes **temporárias**, como canteiro de obra, tapume, escoras e formas de concreto, até as **permanentes**, como estruturas, paredes, lajes, forros, telhados, pisos, deques, rodapés, portas e esquadrias.

Figura 10.2 – A madeira apresenta uma estética única.

Fonte: Pixabay

10.2 MITOS E FATOS

Embora seja um material muito utilizado em países desenvolvidos, o emprego de madeira no Brasil ainda é cercado de preconceitos e mitos. A seguir, vamos desmistificar alguns deles.

#1. É POUCO RESISTENTE

Mito. No Brasil, muitas pessoas acreditam que a madeira é pouco resistente, que deveria ser utilizada apenas para serviços de menor relevância, porém, isso está longe de ser verdade.

A madeira é um material de grande resistência mecânica, tanto à tração quanto à flexão e à compressão, ainda mais quando consideramos seu baixo peso.

Em termos absolutos, a madeira possui uma resistência semelhante à do concreto e menor do que à do aço. Contudo, quando dividimos a resistência pelo peso, vemos claramente o quão resistente ela é.

A Tabela 10.1 mostra uma comparação entre os materiais. Entretanto, tenha em mente que existem madeiras, aços e concretos com resistências maiores e menores; a tabela é apenas para se ter uma ordem de grandeza.

Tabela 10.1 – Comparação: madeira × concreto × aço

	Madeira	Concreto	Aço
Resistência (Mpa)	20	25	250
Densidade (ton./m^3)	0,5	2,4	7,86
Resistência/densidade	40	11	32

No exemplo citado, a madeira é cerca de 16 vezes mais leve do que o aço e 5 vezes mais leve do que o concreto. Assim, mesmo apresentando uma resistência numericamente inferior aos outros materiais, a madeira possui a maior taxa de resistência/densidade.

Essa excelente taxa de resistência/densidade ajuda a diminuir a sobrecarga das estruturas e permite que equipamentos mais leves sejam utilizados para transportar as peças durante a construção.

A madeira é tão resistente que pode ser utilizada inclusive como estrutura de prédios altos. Veremos mais sobre essa possibilidade no próximo capítulo, quando discutirmos sobre madeiras engenheiradas.

Além disso, no tópico de propriedades, aprenderemos mais sobre a resistência da madeira.

#2. PREJUDICA O MEIO AMBIENTE

Mito. Este preconceito não poderia ser mais errado. Chega a ser até uma ignorância. A madeira é um dos materiais mais ecológicos que utilizamos.

Figura 10.3 – A madeira é um material renovável e biodegradável.

Fonte: Pixabay

Agora, por que é tão comum ter essa imagem negativa da madeira aqui no Brasil? Muitas pessoas, quando pensam em madeira, associam logo ao **desmatamento ilegal** que atinge várias florestas nativas brasileiras. Infelizmente, esse tipo de extrativismo, de fato, causa grandes impactos, como extinção da fauna e geração de poluição expressiva.

Contudo, o uso de madeira obtida de forma legal é muito **favorável ao meio ambiente**. A madeira é o único material de construção que é totalmente **renovável** dentro do período de uma vida humana.

A madeira é renovável de modo rápido e é tecnicamente inesgotável. Para se ter uma noção, em menos de 20 anos, é possível plantar a semente e colher a árvore para ser utilizada na construção. Pouco tempo depois dessa extração, o ciclo se reinicia, sendo possível plantar outra semente no mesmo local. Isso destoa de todos os outros materiais.

Em sentido oposto, temos as rochas que servem para fabricação de agregados e extração de minérios. Elas são renováveis apenas quando consideramos períodos geológicos de milhares a milhões de anos, fazendo com que, na prática, sejam considerados como não renováveis e esgotáveis.

A madeira é um material **biodegradável**. Assim, se decompõe naturalmente no meio ambiente, sem deixar resíduos tóxicos e sem contaminar o solo e a água. Com o apoio de fungos, insetos e bactérias, os restos de madeira voltam à natureza, sem causar impactos ambientais.

Outro ponto interessante é que a **energia** empregada para o crescimento da madeira não podia ser melhor. É simplesmente proveniente da fonte mais barata e abundante de que dispomos: o sol. Por meio da fotossíntese, a árvore utiliza a luz solar para produzir as células necessárias ao seu crescimento.

A única energia não renovável para produção da madeira é aquela empregada para o seu beneficiamento. No entanto, como esse processo é relativamente simples, constituindo basicamente de operações de transporte e serragem, o consumo de combustíveis nas serralherias é baixo, principalmente quando comparamos ao gasto energético necessário para a produção de cimentos e de metais, os quais precisam de temperaturas superiores a 1.450 °C para serem produzidos.

As árvores ainda produzem oxigênio, ao mesmo tempo que **retiram o dióxido de carbono** da natureza por meio da fotossíntese, ou seja, reduzem a poluição. Ao contrário do concreto e do aço, que geram um volume muito grande de CO_2 sobre o meio ambiente, a madeira retém carbono na sua composição, mantendo-o durante toda a sua vida útil, ajudando a diminuir a poluição.

Portanto, quanto maior for a utilização de madeira, maior será a redução do impacto do gás carbônico, principalmente quando consideramos que essa utilização substituirá outros materiais menos sustentáveis.

Além disso, a madeira pode ser reciclada, basta ver as madeiras de demolição, prolongando ainda mais sua vida útil.

Como saber se a madeira ou quaisquer de seus subprodutos não são oriundos de desmatamento ilegal?

O modo mais simples de garantir que a madeira respeita o meio ambiente é comprar madeiras serradas ou transformadas com selos de certificação.

Figura 10.4 – Evite comprar madeira de fontes não confiáveis.

Fonte: Pixabay

A certificação de produtos de madeira mais difundida é a FSC (Forest Stewardship Council). Essa certificação assegura que a madeira foi produzida seguindo as exigências legais e que foram tomados os cuidados necessários para o manejo sustentável das florestas. Podemos encontrar esse selo em vários produtos do dia a dia, até em pacotes de papel e caixas de leite longa vida.

A certificação é um ato voluntário que permite um consumo mais racional. O produtor que adere a uma certificação tem que tomar medidas para mitigar os desperdícios, desde o corte correto até o modo de aproveitar galhos e resíduos.

É importante que você saiba que toda a madeira certificada é de origem legal, embora também possam existir madeiras sem certificação que também foram extraídas de maneira legal.

O mercado de madeira legal tem crescido consideravelmente nos países desenvolvidos e também no Brasil. A madeira pode ser extraída de florestas nativas e plantadas (reflorestamento) desde que o manejo seja sustentável e atenda a todos os critérios legais.

O uso de madeira de reflorestamento mitiga a extração de florestas nativas. As principais madeiras de reflorestamento utilizadas no Brasil são os pinus e os eucaliptos.

Figura 10.5 – A certificação é a maneira mais fácil de garantir que a madeira foi extraída de modo sustentável.

Fonte: Pixabay

O total de árvores plantadas no Brasil chegou a uma área de cerca de 7,8 milhões de hectares em 2018. Desse montante, o plantio de eucalipto representou 5,7 milhões de hectares, e a área de pinus correspondeu a 1,6 milhão de hectares (IBA, 2019).

#3. NÃO É DURÁVEL

Mito. Existem construções de madeira com mais de 1000 anos; um exemplo é o templo Hōryū, construído no Japão em 607. Isso por si só já mostra que a madeira é um material muito durável.

No entanto, a madeira de fato está sujeita ao ataque biológico, que pode degradar suas propriedades quando não são tomados os cuidados adequados.

Figura 10.6 – O templo Hōryū, construído no Japão em 607, é uma das obras mais antigas construídas em madeira.

Fonte: 663highland/Wikimedia

A seguir, vamos falar sobre os dois principais inimigos da madeira – cupins e fungos –, bem como as maneiras de combatê-los.

ATAQUE DE CUPINS

Os cupins são os insetos mais perigosos à madeira, podendo causar sérios danos. Nos Estados Unidos, os prejuízos econômicos causados pelos cupins são superiores aos incêndios em construções de madeira.

Os cupins são insetos pequenos, claros, que se alimentam da celulose constante na madeira. O seu ataque é silencioso. Muitas vezes, quando percebemos sua presença, os danos já se materializaram.

Para evitar maiores danos, é importante que você fique atento a alguns sinais. A presença de um pó granulado semelhante a uma areia fina é um dos indicativos mais claros. Esse pó é proveniente das fezes dos cupins.

Uma das classes de cupins mais perigosa é a subterrânea. Como detestam luz, constroem túneis na madeira. Para identificar o problema, podemos dar leves batidas na superfície e perceber se o som está oco.

Figura 10.7 – Destruição causada por cupins.

Fonte: Shutterstock

As formas de prevenção dos cupins subterrâneos mais eficazes são: manter a madeira distante do solo, tratar com preservativos químicos (aplicados superficialmente ou sobre pressão) e fazer inspeções frequentes.

ATAQUE DE FUNGOS

A madeira também é um ótimo alimento para fungos. À medida que eles atacam, ocorre uma alteração na coloração do material e também a redução da resistência.

Para que os fungos sobrevivam e cresçam, é necessária a existência de quatro fatores conjuntos: alimento (madeira), temperatura adequada, água e oxigênio.

Quando qualquer um desses fatores é eliminado, os fungos não sobrevivem. Por exemplo, as madeiras imersas em água permanentemente não sofrem ataques de fungo em função do baixo teor de oxigênio. Eles também não proliferam em climas muito frios, sendo a temperatura ideal para o seu crescimento em torno de 20 °C a 30 °C. Além disso, madeiras secas não permitem o crescimento dos fungos pela ausência de água. Portanto, durante o processo de secagem em fornos, os fungos são eliminados.

As formas mais apropriadas de controlar o ataque de fungo é tentar manter a madeira o mais seca possível e, quando não for possível, utilizar tratamentos químicos para preservá-la.

Algumas espécies de madeiras nobres apresentam naturalmente compostos químicos que dificultam a sua deterioração por ataques biológicos.

#4. NÃO RESISTE AO FOGO

Mito. Alguns não usam madeira com medo de ela pegar fogo. Por incrível que pareça, a madeira pode ser mais resistente ao fogo do que o aço!

Embora seja um material inflamável, a madeira pega fogo de um modo previsível. Assim, é possível saber quanto tempo demora para queimar.

A peças de madeira com grandes dimensões demoram mais tempo para iniciar a ignição que as finas. Quando a madeira queima, as camadas mais superficiais se transformam em carvão. Como o carvão conduz menos o calor e dificulta a entrada de oxigênio, o interior da madeira vai demorar mais a se degradar. Já o aço, embora não inflamável, pode derreter em condições de incêndio.

Figura 10.8 – O carvão ajuda a proteger o interior da madeira contra incêndios. A camada de carvão é formada a cerca de 300 °C.

Fonte: Pixabay

#5. INCHA COM UMIDADE

Fato. Uma das características mais desafiadoras de trabalhar com a madeira é o fato de ela inchar e contrair dependendo da variação de umidade.

Como a madeira é um material higroscópico, ela perde umidade para o ambiente em dias secos e ganha em dias mais úmidos. Essa alteração de umidade acarreta variações de volume na madeira que podem ser prejudiciais. Falaremos mais sobre isso no tópico de propriedades.

Além disso, a água na madeira pode acelerar a sua deterioração por certos fungos.

Felizmente, existem medidas para contornar esse problema, como as técnicas construtivas que evitam o contato direto com a água, o tratamento com vernizes e stains e o uso de espécies de madeira mais resistentes.

Figura 10.9 – Descolamento de piso de madeira.

Fonte: Shutterstock

10.3 COMPOSIÇÃO

As propriedades físicas e mecânicas da madeira são diretamente influenciadas pelas características naturais da árvore. Como todos sabem, a árvore é composta de raiz, tronco e copa.

Cada parte da árvore apresenta funções específicas. A raiz ancora a árvore e retira do solo água e nutrientes necessários para sua sobrevivência e crescimento. Já o tronco sustenta a copa e transporta a seiva. A copa é formada pelos ramos, frutos, flores e folhas. Essas últimas são responsáveis pela fotossíntese.

O termo fotossíntese significa criação (síntese) de matéria com ajuda da luz (foto) solar. A água mais o dióxido de carbono (CO_2) na presença da luz solar (energia) são transformados em açúcar e oxigênio.

O açúcar é então convertido em todos os componentes necessários para o crescimento da árvore, com destaque para a celulose, a hemicelulose e a lignina.

10.3.1 ELEMENTOS DO TRONCO

Para entender o comportamento e as propriedades da madeira como material de construção, é importante entender os componentes da seção transversal da árvore.

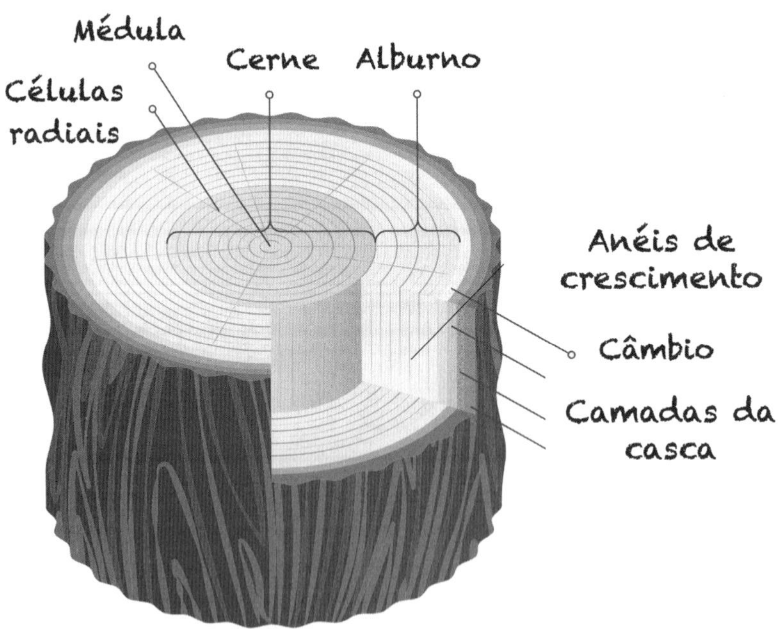

Figura 10.10 – Estrutura esquemática do tronco da árvore.

Fonte: adaptada de Shutterstock

- **Casca** é a camada mais externa do tronco. Tem a função básica de proteger a árvore quanto à desidratação excessiva e contra o ataque de insetos e fungos.
- **Câmbio** é uma camada extremamente fina, praticamente invisível ao olho humano, que fica posicionada logo abaixo da casca. Essa camada, formada por tecidos vivos, é responsável por todo o crescimento transversal da árvore. Ela produz tanto as células da casca quanto dos anéis de crescimento (tema do próximo tópico).
- **Lenho** é a parte que empregamos para a produção de madeiras, sendo formada por duas partes: o alburno e o cerne.
  - ▹ **Alburno** é a camada mais externa, jovem e clara do lenho, composta por células vivas responsáveis por transportar água e nutrientes ao longo da árvore.
  - ▹ **Cerne** é a camada mais velha e escura do lenho. À medida que a árvore envelhece, o cerne vai aumentando de tamanho, servindo de sustentação para a estrutura do tronco.
- **Medula** é a parte mais central do tronco, sendo frouxa, sem resistência e mole.

10.3.2 ANÉIS DE CRESCIMENTO

Você sabia que graças a eles é possível saber a idade da árvore? Em climas temperados, o câmbio produz cerca de um anel de crescimento por ano. É interessante notar que praticamente todas as propriedades da madeira, como beleza, textura, densidade, resistência, absorção de água, são afetadas diretamente pelas características dos anéis de crescimento.

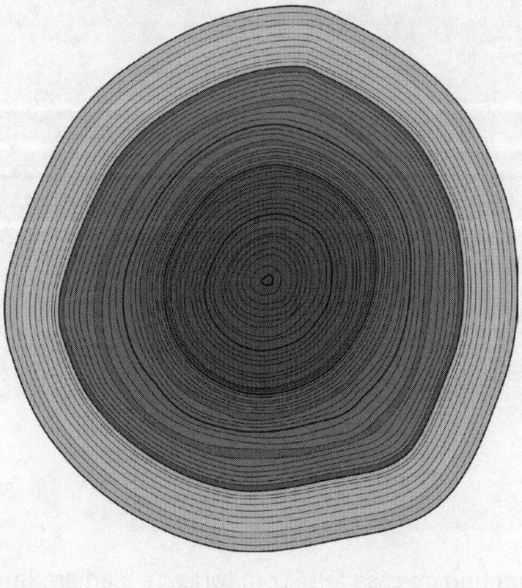

Figura 10.11 – Anéis de crescimento.

Fonte: Pixabay

Em regiões que apresentam climas temperados e estações climáticas bem definidas, os anéis de crescimento são bem fáceis de visualizar em razão da alternância entre períodos chuvosos e secos.

Em virtude dessa variação, cada anel de crescimento apresenta duas partes com características de textura e cor distintas: lenho inicial e lenho tardio. No tempo chuvoso, é formado o lenho inicial. Nessa época, a árvore absorve mais água e nutrientes do solo, gerando células largas e com paredes finas. No período seco, é formado o lenho tardio. Por causa da falta de chuva, a árvore não consegue absorver tanta quantidade de água e nutrientes, assim, o câmbio gera células menores e com paredes mais grossas.

10.4 MADEIRA MACIÇA

As madeiras podem ser empregadas na construção civil com diferentes graus de beneficiamento. Podemos utilizar desde toras naturais com quase nenhum beneficiamento até produtos totalmente reconstituídos de madeira. Neste tópico, falaremos sobre as madeiras maciças (brutas e serradas), as madeiras transformadas serão descritas no próximo capítulo.

10.4.1 MADEIRA BRUTA

A madeira bruta ou roliça é empregada com quase nenhum beneficiamento em relação ao material natural. Não são executadas operações de serragem e acabamento. Muitas vezes os troncos sequer são descascados.

Figura 10.12 – *Log house* é um tipo de casa feita com toras de madeira bruta.

Fonte: Pixabay

A madeira bruta é muito usada para postes, estacas, escoramentos e, em regiões rurais, para cercas e telhados. Nos Estados Unidos, existem casas com paredes dessa madeira (*log houses*).

10.4.2 MADEIRA SERRADA

A madeira serrada é a mais comum utilizada na construção civil. É constituída de peças cortadas no sentido longitudinal, apresentando seção retangular ou quadrada. Pode ser empregada em praticamente todas as fases da construção.

De acordo com o Relatório da Indústria Brasileira de Árvores, a produção de madeira serrada no Brasil correspondeu a cerca de 9,1 milhões de m^3 em 2018, sendo deste total 70% consumidos no mercado nacional e 30% exportados. Esse número, embora bastante expressivo, é muito inferior aos 77,6 milhões de metros cúbicos produzidos nos Estados Unidos (IBA, 2019).

Figura 10.13 – A madeira serrada é a mais comum utilizada na construção civil.

Fonte: Shutterstock

10.4.3 FABRICAÇÃO

10.4.3.1 Extração

A primeira etapa é a colheita/extração. Os troncos são extraídos da natureza, desgalhados e cortados em toras. Essas são aparadas com seção próxima a retangular, o que facilita o transporte.

10.4.3.2 Desdobro

Depois de transportadas para a fábrica, vem a etapa do desdobro, constituída pela serragem das toras em tábuas e pranchas. Existem dois métodos comuns: a serragem plana e a serragem radial.

A serragem plana é mais comum e desperdiça menos material. Neste método, os anéis de crescimento apresentam diferentes ângulos em relação às bordas das pranchas.

A serragem radial é mais complexa e desperdiça mais material, porém produz peças de madeira de maior qualidade e mais estáveis à variação de umidade. Nesse método, os anéis de crescimento se apresentam praticamente perpendiculares às bordas da peça e com espaçamentos entre si semelhantes. Assim, as peças são mais estáveis à variação volumétrica decorrente da variação.

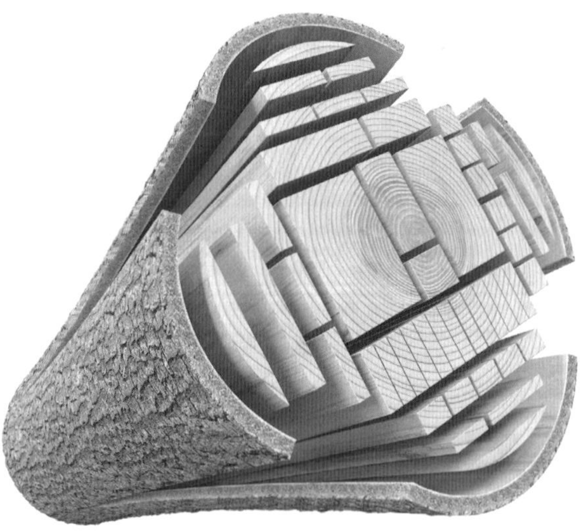

Figura 10.14 – Desdobro é a operação de serragem em tábuas e pranchas.

Fonte: Shutterstock

10.4.3.3 Secagem

A água é vital para a sobrevivência e o crescimento de qualquer árvore na natureza. Contudo, a partir do momento da extração, a árvore passa a perder a umidade. Posteriormente, na serralheria, esse processo é realizado por meio da secagem.

A secagem aumenta a resistência, a durabilidade e a densidade da madeira. Além de deixar o transporte mais barato. A madeira pode ser seca ao ar ou de maneira controlada em estufas/fornos.

É importante tomar cuidado na secagem. Quando é feita do modo inadequado, pode gerar uma série de defeitos na madeira, como rachaduras, fendas e abaulamentos exagerados.

A água contida na madeira se encontra em dois locais: livre no interior das células (água livre) e aderida nas paredes das células (água de impregnação).

À medida que a secagem evolui, a primeira água a evaporar é aquela que se encontra livre no interior das células. No momento em que toda a água livre evapora, sobrando apenas a água de impregnação, temos o chamado **ponto de saturação**. Na maioria dos casos, o ponto de saturação ocorre com cerca de 30% de umidade. Conforme a umidade fica menor do que o ponto de saturação, a madeira vai se tornando mais resistente, durável e densa.

10.4.3.4 Comercialização

A madeira serrada pode ser vendida em vários comprimentos, larguras e espessuras distintos. Com base nas dimensões da peça, são dados alguns nomes populares aos produtos, como pranchões, pranchas, vigas, vigotas, caibros, tábuas, sarrafos e ripas.

A Tabela 10.2 mostra os produtos mais comuns, assim como as suas dimensões.

Tabela 10.2 – Dimensões de produtos comuns de madeira

Nome	Espessura (cm)	Largura (cm)
Bloco	> 12	> 12
Pranchões	> 7	> 20
Prancha	4-7	> 20
Viga	> 4	11-20
Vigota	4-8	8-11
Caibro	4-8	5-8

(*continua*)

Tabela 10.2 – Dimensões de produtos comuns de madeira (*continuação*)

Nome	Espessura (cm)	Largura (cm)
Tábua	1-4	> 10
Sarrafo	2-4	2-10
Ripa	< 2	<10

Fonte: adaptada da Resolução Conama 411/2009

Além desses tipos, existem as madeiras serradas beneficiadas, ou seja, que passaram por processos de usinagem, de modo a agregar valor ao produto. Nessa categoria, temos os forros, os rodapés e os tacos.

10.5 PROPRIEDADES

10.5.1 UMIDADE

O teor de umidade é uma das propriedades mais importantes da madeira, sendo dado pela divisão das massas de água pela madeira seca, sendo expresso em porcentagem:

$$\text{Umidade} = \frac{\text{Massa de água}}{\text{Massa seca}} \times 100\%$$

O método mais recomendado para determinar a umidade da madeira é o da secagem em estufa por cerca de 48 horas. Além disso, existem os métodos elétricos, que podem ser utilizados para se ter uma estimativa rápida da umidade.

Exemplo: Para entender os cálculos da umidade, imagine que uma peça de madeira apresenta 1.000 g de peso úmido. Depois de ficar na estufa por vários dias (até constância de peso), o seu peso foi reduzido para 800 g. Desse modo, temos que a massa de água é 200 g, e a massa seca, 800g, resultando numa umidade de 25%.

O teor de umidade influencia diretamente em todas as demais propriedades da madeira, como inchamento, contração, resistência, densidade e durabilidade. Assim, é necessário adotar um teor para comparar os resultados. Normalmente, o teor de umidade de referência adotado para comparação dos ensaios é de 12%.

Lembre-se que a madeira é um material **higroscópico**, ou seja, seu teor de umidade tende a se equilibrar com o ambiente à sua volta. Assim, quando o clima está mais chuvoso, a madeira tende a ganhar umidade do meio ambiente e, quando o clima está mais seco, tende a perder umidade para o ambiente.

A presença de umidade pode acelerar o ataque de fungos, além de causar variações dimensionais na madeira, conforme será visto no próximo tópico.

No entanto, algumas espécies apresentam maior resistência à umidade do que outras. Por esse motivo, alguns tipos de madeira podem ser utilizados até para a construção de embarcações. Uma madeira que apresenta bastante resistência à água é o ipê.

Figura 10.15 – Algumas espécies de madeira são mais resistentes à umidade.

Fonte: Pixabay

10.5.2 CONTRAÇÃO E INCHAMENTO

Uma das propriedades mais características da madeira é a contração e o inchamento em função da variação de umidade. Essas variações dimensionais ocorrem pela perda ou ganho de umidade nas paredes celulares da madeira.

Conforme já mencionado, a água pode estar tanto livre no interior das células da madeira quanto impregnada nas paredes celulares. A secagem da água livre não causa nenhuma variação de volume, nem afeta nenhuma propriedade mecânica. Já a secagem da água presente aderida às paredes das células causa uma contração volumétrica que afeta diretamente o comportamento da madeira. Em sentido oposto, se as paredes celulares incorporam mais água, a madeira incha.

Essas alterações dimensionais não são iguais nos eixos. Elas são muito maiores nos eixos radiais e tangenciais da madeira, ou seja, na seção transversal da peça, sendo pouco significativas no sentido de crescimento das fibras (eixo longitudinal).

A ocorrência de contração e inchamento da madeira é uma das principais desvantagens da madeira, podendo acarretar defeitos como empenamento de peças, trincas e descolamento de pisos.

Para mitigar esses problemas, é importante que sejam adotados vários procedimentos, como secar a madeira serrada durante sua fabricação, mitigar o contato direto com a água quando possível e, caso necessário, tratar a madeira com produtos químicos.

10.5.3 DENSIDADE

A densidade é a relação entre a quantidade de matéria e o volume ocupado, cujas unidades comuns são kg/m^3 ou g/cm^3. A massa específica varia com o teor de umidade da madeira. Assim, é importante especificar em qual teor de umidade foi feito o ensaio.

Existem madeiras leves, médias e densas. A densidade varia de espécie para espécie, podendo ir de 0,2 g/cm^3 até mais do que 1 g/cm^3.

Um jeito simples de ter uma ideia da densidade é mergulhar a madeira na água. As madeiras que apresentam densidade menor do que a água (1 g/m^3) flutuam quando mergulhadas. Já as mais densas afundam.

A densidade é também um indicador das outras propriedades físicas e mecânicas. Em geral, madeiras mais densas são mais resistentes à compressão, à tração e à flexão, além de apresentarem maior dureza à penetração e ao choque.

10.5.4 DUREZA

A dureza é a resistência à penetração ou risco de um objeto. Quanto mais estreitas são as camadas de anéis de crescimento, mais dura é a madeira. As madeiras podem ser classificadas quanto a sua dureza em três categorias: macias, médias e duras. Em geral, as mais densas são também as mais duras.

10.5.5 RESISTÊNCIA MECÂNICA

A resistência mecânica pode ser medida com diferentes ensaios, como compressão, tração, flexão e cisalhamento. No entanto, a resistência da madeira varia conforme o eixo que está sendo testado, assim, é considerado um material **anisotrópico**.

Dependendo do eixo que você testar, a resistência da madeira será maior ou menor. O eixo de maior resistência é o longitudinal, ou seja, aquele que segue as direções das fibras.

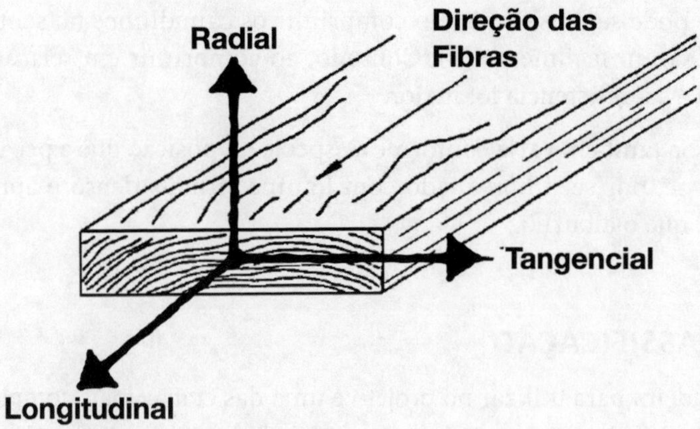

Figura 10.16 – A madeira é um material anisotrópico.

Fonte: adaptada de USDA (2010)

O posicionamento, o tamanho e a força de ligação das células de madeira explicam a variação de resistência nos diferentes eixos. Para facilitar o seu entendimento, imagine que as células têm a aparência de canudinhos de refrigerante que são colados entre si com uma cola bem fraca. A Figura 10.17 ilustra a compressão no eixo longitudinal (**A**) e no eixo radial (**B**).

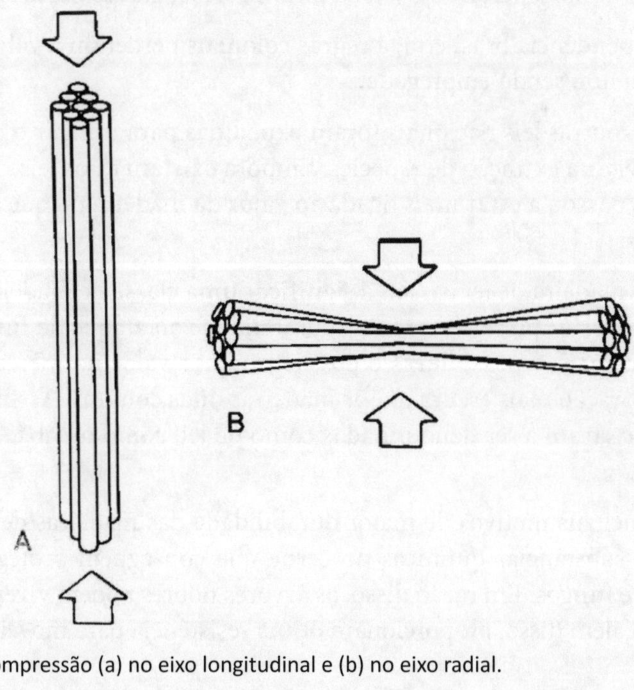

Figura 10.17 – Compressão (a) no eixo longitudinal e (b) no eixo radial.

Fonte: Ritter (1990)

Conforme pode ser observado, ao comprimir os canudinhos no sentido transversal, eles amassaram facilmente (B). Contudo, ao comprimir em relação ao seu eixo longitudinal (A), a resistência foi maior.

A resistência também varia conforme a espécie e a posição que a peça é retirada do tronco. O cerne, por ser impregnado com lignina, é mais denso e apresenta maior resistência do que o alburno.

10.6 CLASSIFICAÇÃO

Escolher a madeira para utilizar no projeto é uma das etapas mais complexas. Para escolher bem, é necessário conhecer bem as propriedades e as classificações da madeira.

10.6.1 MADEIRAS DE LEI

Você já ouviu a expressão "madeira de lei"? Essa expressão é bem antiga, foi criada na época que o Brasil ainda era uma colônia. Essa classificação nasceu para separar as árvores que só podiam ser exploradas com a permissão da Coroa Portuguesa. Desse modo, o corte precisava de autorização legal.

Naquele tempo, a primeira árvore a ser classificada como madeira de lei foi o pau-brasil, visto que já naquele tempo apresentava sinais de escassez. Posteriormente, outras madeiras como a peroba e o jatobá foram acrescentadas nessa classificação.

Após a independência brasileira, a regras coloniais perderam a validade, porém a expressão continuou sendo empregada.

Atualmente, outras leis nacionais foram expedidas para mitigar o desmatamento de florestas e evitar a extinção de espécies. Embora existam essas leis, podemos dizer que a definição passou a estar mais ligada ao valor da madeira do que a própria definição legal em si.

A expressão madeira de lei passou a significar uma classe de madeiras nobres que são mais resistentes e apresentam maior durabilidade ao ataque de fungos e insetos. Além disso, são mais densas, duras e possuem maior valor no mercado. Em geral, apresentam coloração mais escura que as madeiras ditas comuns. Assim, outras espécies também passaram a ser denominadas como de lei, como peroba, cedro, imbuia, ipê e jacarandá.

Um dos principais motivos de maior durabilidade das madeiras de lei é o fato de elas possuírem substâncias químicas no cerne que conseguem protegê-las contra a ação de insetos e fungos. Em razão disso, as árvores nobres podem viver algumas centenas de anos e, além disso, proporcionam ótima resistência para móveis e estruturas.

Figura 10.18 – A árvore que deu o nome ao nosso país: pau-brasil.

Fonte: Halpern/Flicker

Em contraste com a madeira de lei, temos a madeira mole (coníferas), como o pinus e o eucalipto. Essas geralmente são menos densas e resistentes ao ataque de pragas. Portanto, possuem menor valor comercial. Apresentam, no entanto, a enorme vantagem de crescer rapidamente, fazendo que sejam as preferidas para madeiras de reflorestamento. Com apenas cerca de 20 anos, as coníferas já podem ser extraídas.

10.6.2 IDENTIFICAÇÃO CIENTÍFICA *VERSUS* POPULAR

As madeiras podem ser identificadas com base tanto em classificações científicas quanto em corriqueiras. A classificação científica é aquela oriunda da botânica que classifica as árvores segundo seu gênero e espécie. Já a classificação corriqueira utiliza os nomes comuns, populares, da madeira.

Por exemplo, a peroba-rosa (nome popular) apresenta como denominação científica *Aspidosperma polyneuron*.

O problema da classificação popular é a confusão de termos que provoca, dificultando a especificação e o comércio. Uma espécie científica pode ser conhecida por diferentes nomes, dependendo da região do Brasil. Em sentido oposto, várias espécies podem ser conhecidas por um único nome popular.

10.7 SAIBA MAIS

10.7.1 PRESENÇA DE NÓS

Por que as madeiras apresentam "nós"? Esses desenhos arredondados, geralmente escuros, na madeira são provenientes dos galhos que existiam nos troncos.

O excesso de nós na madeira é considerado um defeito, visto que reduz a resistência da peça, principalmente à tração, ainda mais quando esses nós estão soltos.

10.7.2 MADEIRA SEM PREGOS

Você sabia que é possível fazer uma edificação apenas com madeira sem pregos e sem colas?

No Japão, existe uma técnica antiga de marcenaria que emprega apenas madeira sem qualquer prego ou cola para construir casas, templos e pequenas edificações.

Existem templos com mais de 1.200 anos feitos com essa técnica. As estruturas de madeira são unidas por meio de juntas de diferentes formatos.

MATERIAL EXTRA

Este capítulo apresenta videoaula:

Madeira para construção

http://livro.link/an11

Qualquer dúvida, é só deixar um **comentário** nos vídeos. Na medida do possível, vou respondendo. Bons estudos!

EXERCÍCIOS DE FIXAÇÃO

A melhor maneira de saber se você aprendeu é **testando sua memória**. Assim, sugiro que você faça os exercícios de fixação **sem consultar a teoria**. Após terminar, revise os pontos que você errou ou não lembrava.

10.1 Julgue as seguintes afirmativas em verdadeiro (V) ou falso (F):

1. ( ) A madeira é um material que apresenta uma alta taxa de resistência por peso.
2. ( ) A madeira armazena carbono no seu interior, mesmo depois da extração.
3. ( ) Apenas as madeiras certificadas são legais e sustentáveis.
4. ( ) Uma das classes de cupins mais perigosa é a subterrânea. Como detestam luz, constroem túneis na madeira.
5. ( ) A madeira pega fogo de uma maneira previsível, sendo sua taxa de carbonização de 10 cm por minuto.
6. ( ) A água na madeira pode acelerar a sua deterioração por certos fungos.
7. ( ) Em climas tropicais, o câmbio produz um anel por ano.
8. ( ) Normalmente, o teor de umidade de referência adotado para comparação dos ensaios é de 20%.
9. ( ) A secagem da água livre não causa nenhuma variação de volume, nem afeta nenhuma propriedade mecânica.
10. ( ) As variações de volume em razão de variações de umidade são muito maiores no eixo longitudinal da peça de madeira do que nos eixos transversais.
11. ( ) O eixo de maior resistência é o longitudinal, ou seja, aquele que segue as direções das fibras.
12. ( ) Em geral, madeiras mais densas apresentam melhor comportamento mecânico.
13. ( ) O excesso de nós numa peça de madeira é considerado um defeito, embora não reduza a resistência, sendo apenas uma questão estética.

10.2 Complete as frases a seguir:

1. Os ________ são os insetos mais perigosos à madeira, podendo causar sérios danos.

2. Para que os fungos sobrevivam e cresçam, é necessária a existência de quatro fatores conjuntos: ________, ________, ________ e ________.

3. Como a madeira é um material ________, ela perde umidade para o ambiente em dias secos e ganha em dias mais úmidos.

4. ________ é a camada mais externa, jovem e clara do lenho, composta por células vivas responsáveis por transportar água e nutrientes ao longo da árvore.

5. Existem dois métodos comuns: a serragem ________ e a serragem ________.

6. A resistência da madeira varia conforme o eixo que está sendo testado, assim, é considerado um material ________.

7. No momento em que toda a água livre evapora, sobrando apenas a água de impregnação, temos o chamado ponto de ________.

10.3 Calcule a umidade de uma peça de madeira, considerando a massa úmida igual a 1.000 g e a massa seca igual a 850 g.

CAPÍTULO 11

Madeiras transformadas

Figura 11.1 – Mjøstårnet (Wood Hotel), prédio de madeira construído na Noruega em 2019.

Fonte: Pixabay

Nas últimas décadas, foram desenvolvidos vários produtos industrializados de madeira que ampliaram o seu uso e diminuíram algumas desvantagens da madeira natural. Graças a isso, é possível construir desde grandes painéis até estruturas de prédios. Neste capítulo, aprenderemos sobre os tipos de madeira transformada. Além disso, conheceremos, ao final, a técnica de construção chamada *light wood frame*.

11.1 INTRODUÇÃO

As madeiras transformadas, ou reconstituídas, são compostos feitos com produtos de madeira com pequena porcentagem de colas e aditivos. O processo de produção é altamente industrializado. Podem ser utilizados vários tipos de madeira, como tábuas, lâminas, tiras, partículas e fibras.

Figura 11.2 – Tiras de madeira que podem ser aproveitadas.

Fonte: Pixabay

11.2 VANTAGENS E DESVANTAGENS

As madeiras transformadas apresentam várias vantagens em relação às madeiras maciças. Para começar, elas são mais homogêneas e podem gerar chapas de grandes dimensões, o que seria difícil apenas com a extração da madeira natural em função das limitações de diâmetro do tronco.

Nos aspectos ambientais e econômicos, a utilização de madeiras transformadas possibilita um aproveitamento maior da árvore, gerando menor desperdício e redução de custo.

Além disso, é possível utilizar madeiras de menor qualidade, de reflorestamento, visto que os produtos serão reconstituídos e suas propriedades serão alteradas, mitigando a demanda por madeiras mais nobres, as quais geralmente são mais escassas e caras.

No entanto, dependendo da madeira transformada, temos algumas desvantagens, como menor resistência à água, dificuldade de usinagem e estética menos atrativa. Mas isso não é regra. Existem madeiras transformadas que superam todas essas dificuldades.

Existem dois grandes grupos de madeiras transformadas: as madeiras engenheiradas (madeira laminada colada, madeira laminada cruzada, entre outros) e os painéis (compensado, MDF, MDP e OSB), e o primeiro grupo apresenta uma função eminentemente estrutural. Conheça a seguir os tipos de madeiras transformadas mais utilizados.

11.3 MADEIRAS ENGENHEIRADAS

Antes da evolução das madeiras engenheiradas, os prédios de madeira estavam limitados a poucos andares, cerca de cinco. No entanto, com a evolução tecnológica, hoje temos arranha-céus de madeira, como o edifício Mjøstårnet (Wood Hotel), construído na Noruega, em 2019.

Figura 11.3 – Construção do Wood Hotel.

Fonte: Abrahamsen (2018)

De acordo o Guinness World Records (2019), esse prédio é o mais alto de madeira do mundo, com 85 metros de altura, totalizando 18 andares. Ele foi construído de 4 em 4 andares, com o uso de guindastes, sem andaimes externos, apenas internos. Para alcançar essa altura, a obra utilizou duas tecnologias que falaremos na sequência: madeira laminada colada e madeira laminada cruzada.

11.3.1 MADEIRA LAMINADA COLADA (MLC)

A madeira laminada colada (MLC), conhecida internacionalmente como *glued laminated timber* (Glulam), é um elemento inovador de madeira engenheirada que pode ser utilizado para vigas e pilares.

Figura 11.4 – Ponte de MLC cruzando o rio Montmorency, Quebec, Canadá.

Fonte: Cephas/Wikimedia

A MLC possui resistência maior que a madeira maciça. Além disso, quando comparamos duas estruturas de aço e de MLC que apresentam o exato mesmo peso, vemos que a estrutura de MLC apresenta resistência igual ou maior à do aço, ou seja, a resistência por peso é maior no caso do MLC.

A MLC é um material altamente versátil. Por causa de suas características e do fato de poder ser fabricada em diferentes tamanhos, a MLC vem se tornando uma alternativa interessante para arquitetos e engenheiros projetarem edificações arrojadas com grandes vãos e sem precisar de muitos apoios intermediários, aumentando o espaço útil.

A MLC é composta de tábuas de madeira serrada (com espessura de 0,5 cm a 3 cm) coladas, sob pressão, com adesivos resistentes à água.

É importante que você se lembre que as tábuas são sempre coladas com os grãos (veios) alinhados na direção do comprimento da peça.

Figura 11.5 – Esquema da montagem de vigas de MLC.

Fonte: Oliveira (2018)

Para conseguir tamanhos maiores, as tábuas de madeira serrada são emendadas com juntas denteadas, comumente denominadas *finger joint* (juntas de dedos) – o nome lembra duas mãos entrelaçadas. Além disso, os defeitos da madeira são cortados e as tábuas são emendadas para aumentar a qualidade e a resistência do material. Veja a Figura 11.6 sobre o detalhe das juntas.

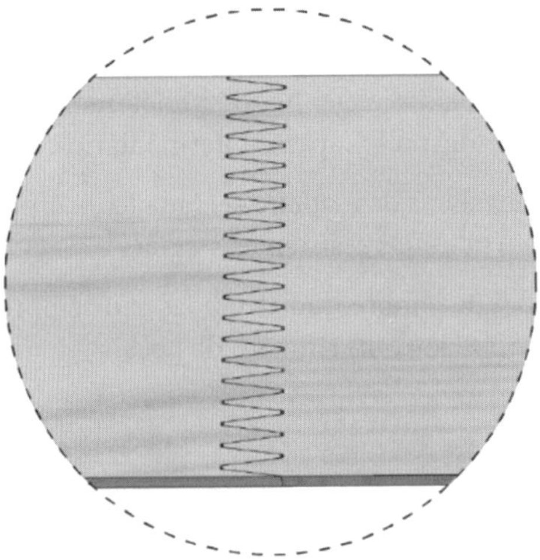

Figura 11.6 – Ilustração da junta do tipo *finger joint*.

Fonte: Oliveira (2018)

Para unir diferentes peças de madeira laminada colada, usam-se conexões geralmente unidas com parafusos e, em alguns casos, com conectores de placas de aço.

Outro aspecto interessante é o fato de as peças de MLC apresentarem elevada e previsível resistência ao fogo. A taxa de carbonização é totalmente prevista durante o projeto da estrutura, sendo possível calcular o tempo que a estrutura resistirá ao incêndio.

11.3.2 MADEIRA LAMINADA CRUZADA (CLT)

A madeira laminada cruzada (em inglês *cross laminated timber*, CLT) é um painel de madeira engenheirada que é pré-fabricado em grande tamanho.

O painel CLT é muito leve, embora apresente ótimo desempenho mecânico e alta resistência a incêndios. Além disso, é ambientalmente correto por ser produzido com madeiras de reflorestamento.

A construção com CLT é rápida, limpa e fácil de montar, acarretando quase nenhum desperdício no local. O painel CLT é produzido em fábricas especializadas, com equipamentos modernos. No canteiro de obra, ocorre apenas a montagem. A precisão do trabalho é na casa de milímetros.

Por esses motivos, o painel CLT está se tornando uma alternativa viável em relação aos materiais convencionais, como concreto, alvenaria ou aço.

Um painel CLT consiste em várias camadas (geralmente em número ímpar) de tábuas de madeira serrada, secadas em estufa, coladas com adesivos de alta capacidade e sob pressão.

As camadas de madeira serrada são posicionadas perpendiculares umas às outras. Desse modo, o painel apresenta grande resistência, rigidez e estabilidade dimensional em ambas as direções, sendo isso uma grande vantagem dessa tecnologia. A Figura 11.7 mostra a colagem das camadas (lamelas) de forma perpendicular entre si.

Figura 11.7 – Colagem das camadas (lamelas) no CLT.

Fonte: Oliveira (2018)

Na fábrica, os painéis CLT são cortados no tamanho exato, incluindo as aberturas de portas, janelas e tubulações. Assim, na obra, os operários executam apenas operações de montagem.

Nos últimos dez anos, o uso de CLT na Europa e nos Estados Unidos tem crescido de forma exponencial. No Brasil, essa tecnologia ainda é pouco difundida, embora existam algumas empresas nacionais que já estejam empregando com grande sucesso.

Inicialmente, esse material começou a ser utilizado mais em razão de aspectos ambientais. Contudo, essa tecnologia tem mostrado nos últimos anos que pode ser também barata, rápida, resistente e limpa.

O painel CLT tem sido utilizado no exterior para construir desde casas e escolas até edifícios de grande porte.

11.3.3 QUAIS AS DIFERENÇAS ENTRE MLC E CLT?

MLC geralmente é usada para elementos lineares, como vigas e pilares. Já o painel CLT é usado em áreas maiores, como lajes, forros e paredes. Além disso, a direção dos grãos de todas as pranchas da MLC é alinhada em uma única direção para conseguir a resistência máxima ao longo desse eixo. No caso da CLT, as camadas são giradas 90 graus entre si, tornando o painel resistente em ambas as direções.

11.4 PAINÉIS DE MADEIRA

Agora, vamos aprender sobre os painéis de madeira transformada. Você com certeza já deve ter ouvido falar de compensado, MDF e MDP. Mas você sabe as diferenças entre eles?

Aprenderemos também sobre o OSB, um material muito utilizado nos Estados Unidos, que vem ganhando espaço no Brasil.

11.4.1 COMPENSADO

Os painéis de madeira compensada, algumas vezes chamados simplesmente de compensados, são produzidos a partir de lâminas de madeira coladas entre si sob alta pressão e temperatura. Esses painéis apresentam excelentes propriedades mecânicas.

O processo de fabricação é bem interessante. Um equipamento de grande porte segura o tronco previamente descascado e o faz girar em torno de seu eixo contra um dispositivo de corte afiado, formando uma lâmina contínua de madeira de espessura uniforme.

Para ilustrar, imagine que o tronco seria semelhante a um rolo de papel-toalha que é continuamente desenrolado em folhas finas contínuas. Em seguida, essas lâminas são cortadas no tamanho desejado e secas. As lâminas são coladas entre si, sendo alternada a direção do veio de forma perpendicular (cruzada) em relação à camada anterior, semelhante ao painel CLT.

Figura 11.8 – Painel de compensado.

Fonte: Pixabay

Geralmente, o compensado apresenta um número ímpar de lâminas, e os veios das faces são alinhados ao longo da direção longitudinal. A Figura 11.9 ilustra um compensado com 5 camadas de laminadas de madeira de reflorestamento.

Figura 11.9 – Direção de maior resistência dos compensados.

Como a madeira é significativamente mais forte paralela à direção dos grãos, a disposição das placas alternadas com veios cruzados deixa a resistência da chapa quase igual nas duas direções. Contudo, o fato de as faces serem direcionadas ao longo do eixo longitudinal deixa a resistência ligeiramente maior em relação a esse eixo.

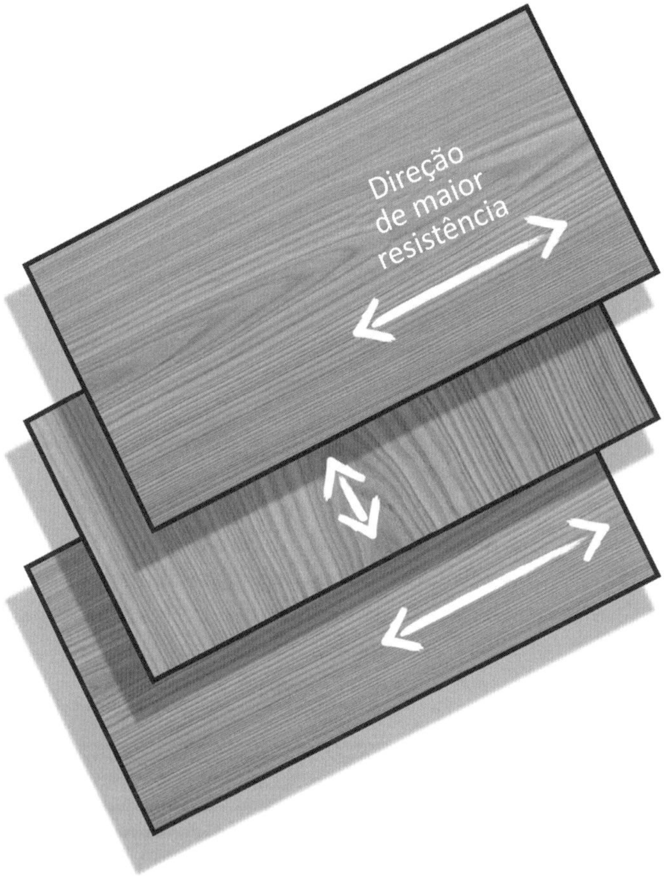

Figura 11.10 – Esquema sobre a alternância das camadas de compensado.

Os compensados podem ser utilizados como painéis de revestimento de casas com estrutura de madeira ou aço, formas para concreto e fabricação de móveis.

11.4.2 MDF

O MDF (do inglês *medium-density fiberboard*) pode ser traduzido como painel de **fibras** de média densidade. O MDF é um painel homogêneo de madeira reconstituída que apresenta boa densidade, facilidade de usinagem em formas curvas, estabilidade dimensional e superfície lisa e uniforme.

Figura 11.11 – Painéis de MDF. Observar como a fibra produz uma textura uniforme.

Fonte: Shutterstock

O processo de fabricação do MDF é altamente industrializado. Inicia-se com as toras sendo descascadas e picadas para a formação de cavacos de madeira. Esses pequenos pedaços são então peneirados, cozidos e, depois, transformados em fibras (textura semelhante a uma areia muito fina). Na sequência, essas fibras são impregnadas com resina sintética e dispostas numa esteira rolante, formando um colchão contínuo de fibras. Esse colchão é prensado sob calor para que os componentes sejam firmemente unidos de modo a aumentar a densidade do material. Os painéis passam pelo corte nos tamanhos desejados e são comercializados em dois aspectos: naturais ou revestidos.

O MDF é utilizado na construção civil para a fabricação de pisos, rodapés, portas usinadas, batentes, divisórias e peças torneadas de escadas. Além disso, é largamente empregado na indústria de móveis.

11.4.3 MDP

O MDP (do inglês *compact-density particleboard*), traduzido como painel de **partículas** de média densidade, é uma chapa de madeira reconstituída produzida a partir da prensagem das partículas de madeira em três camadas, junto com resinas.

Figura 11.12 – Painel de MDP.

Fonte: iStockphoto

Observe que as partículas são bem maiores do que as fibras. O MDP geralmente apresenta três camadas (faces e miolo). O miolo apresenta partículas mais grossas que as faces.

O MDP é uma evolução tecnológica do antigo aglomerado, apresentando uma fabricação de melhor qualidade. Desse modo, possui estabilidade dimensional e resiste à flexão, sendo indicado principalmente para marcenaria e na indústria moveleira. As principais utilizações são para laterais de móveis, prateleiras, tampos e portas retas.

A usinagem em peças curvas não é adequada, pois o material pode esfarelar.

11.4.4 DIFERENÇAS ENTRE MDF E MDP

O Quadro 11.1 apresenta um resumo das diferenças do MDF e do MDP.

Quadro 11.1 – Diferenças entre MDF e MDP

MDF	MDP
Feito com fibras	Feito com partículas
Apenas uma única camada uniforme	Três camadas (miolo mais grosso)
Mais denso e rígido	Mais poroso e leve
Pode ser usinado em peças curvas	Melhor para peças retas
Mais caro	Mais econômico
Ambos podem receber os mesmos revestimentos	

É interessante notar que vários móveis apresentam os dois materiais. Por exemplo, pode-se utilizar o MDP nas partes mais retas e o MDF nas partes com acabamentos mais trabalhados, sendo os dois materiais revestidos com o mesmo material.

11.5 OSB

O painel de OSB (do inglês *oriented strand board*) pode ser traduzido para o português como painel de **tiras** de madeira **orientadas**. Como o próprio nome diz, é um painel composto por pequenas tiras de madeira orientadas em camadas.

O OSB pode ser empregado para várias finalidades estruturais e não estruturais, como tapumes, fôrmas para estruturas de concreto, forros, divisórias, revestimento de paredes e confecção de móveis.

É mais utilizado de forma natural, embora seja possível ser pintado com tinta para madeira ou vernizes apropriados. O acabamento de qualquer forma fica rústico, visto que o OSB não é adequado para ser lixado.

A chapa de OSB impacta menos o meio ambiente e custa menos no bolso. Como o OSB é produzido a partir de pequenos pedaços de madeira de reflorestamento, as árvores podem ser aproveitadas de forma mais eficiente, diminuindo o desperdício de materiais e, consequentemente, reduzindo o custo de produção.

Para a produção do OSB, as tiras de madeira são prensadas e coladas com resinas sob alta temperatura e pressão ao longo de camadas.

Figura 11.13 – Painéis de OSB.

Figura 11.14 – Veja a grande espessura das fibras antes da compactação.

Fonte: MatthiasKabel/Wikimedia

De maneira semelhante ao compensado, as orientações das camadas são alternadas. Essa forma de orientação das tiras de madeira proporciona ao OSB características impressionantes, como alta resistência mecânica, dureza e estabilidade dimensional e resistência à umidade, embora não seja naturalmente à prova d'água.

O OSB, em função do seu baixo custo e boas propriedades, vem se tornando o material mais utilizado nos Estados Unidos para fechamento de estruturas de madeira leves (*light wood frame*) ou metálica (*steel frame*), substituindo em larga escala o compensado para esse fim. Nesses sistemas, o OSB pode ser utilizado em paredes, pisos, mezaninos, forros e telhados.

As chapas OSB podem ser encontradas nas mais variadas espessuras. Por fim, o OSB pode ser comercializado em três tipos:

- **OSB tapume (face verde)**: utilizado para fechamento e proteção de obras. Essa chapa possui em sua composição uma resina que confere maior proteção contra a ação da chuva e do sol, garantindo a durabilidade durante a construção;
- **OSB Home Plus**: utilizado na construção civil. Possui resistência estrutural e proteção contra a ação do cupim, sendo ideal para construção de forros, telhados, chapas estruturais de parede e reforços de drywall para fixação de objetos pesados;
- **OSB multiuso**: empregado nos mais diversos setores, como fabricação de divisórias, móveis e artesanato.

11.6 *LIGHT WOOD FRAME*

Caso já tenha assistido a programas de reforma de casas como *Irmãos à obra* ou *Ame-a ou deixe-a*, você deve ter ficado curioso com o sistema construtivo que é utilizado nas casas dos Estados Unidos e do Canadá. Esse sistema é chamado em inglês de *light wood frame* (estrutura leve de madeira). Ele é largamente empregado no hemisfério norte há mais de uma centena de anos para a construção de casas e pequenos prédios.

No Brasil, ainda é visto como uma inovação, embora sua utilização venha crescendo consideravelmente nos últimos anos para a construção de casas e sobrados residenciais.

Em vez de estruturas de concreto e fechamento em alvenaria, o *light wood frame* é um sistema construtivo composto por perfis estruturais leves de madeira serrada fixados em placas, geralmente de OSB, formando painéis resistentes que suportam todas as cargas a que a edificação é submetida.

Antigamente, o compensado era o mais utilizado para o revestimento. Contudo, em função do menor preço do OSB e ótima resistência, esse material passou a ser o mais empregado.

A madeira mais utilizada no Brasil para a produção dos perfis é o pinus proveniente de madeira de reflorestamento. Para aumentar a proteção contra pragas e cupins, os perfis de madeira geralmente passam por um tratamento especial.

Figura 11.15 – *Light wood frame* é uma técnica de construção seca e ágil.

Fonte: Shutterstock

Os revestimentos das paredes podem ter várias camadas. Uma configuração muito comum é o uso de placas de gesso acartonado como revestimento interno e chapas de OSB como revestimento estrutural. Além disso, podem ser empregadas placas cimentícias como revestimento externo, aumentando a resistência contra a ação da água. Para melhorar o desempenho térmico e acústico, pode-se utilizar materiais isolantes no interior das paredes, como lã de vidro e rocha.

O *light wood frame* apresenta uma solução com alto grau de industrialização. Todos os componentes são dimensionados de modo a atender critérios de segurança e desempenho. Os perfis de madeira geralmente são montados em canteiros externos e apenas posicionados e montados na obra. As instalações elétricas e hidráulicas podem ser embutidas de forma fácil, sem necessidade de quebrar paredes, como ocorre com as alvenarias tradicionais. Isso também facilita a manutenção ao longo do tempo.

A fundação de casas de *light wood frame* pode ser de qualquer tipo. As mais usadas são sapata corrida e radier em função do baixo peso dessa técnica construtiva, muito mais leve do que a forma tradicional brasileira, composta por concreto e alvenaria.

O processo de *light wood frame* também é muito ágil. O tempo de execução depende do porte da obra e, principalmente, do grau de especialização da equipe. Em alguns casos, é possível construir a estrutura e o fechamento das paredes, pisos e forros em cerca de 2 meses. Essa velocidade de construção vem despertando bastante interesse de construtoras nacionais.

Sob o ponto de vista ambiental, esse sistema construtivo é altamente benéfico, apresentando uma menor taxa de desperdício de materiais e geração de resíduos.

EXERCÍCIOS DE FIXAÇÃO

A melhor maneira de saber se você aprendeu é **testando sua memória**. Assim, sugiro que você faça os exercícios de fixação **sem consultar a teoria**. Após terminar, revise os pontos que você errou ou não lembrava.

11.1 Julgue as seguintes afirmativas em verdadeiro (V) ou falso (F):

1. ( ) As madeiras transformadas, embora menos homogêneas do que as naturais, podem ser feitas em grandes tamanhos.
2. ( ) É possível fabricar madeiras transformadas apenas com madeiras nobres.
3. ( ) O MLC apresenta uma taxa de resistência por peso semelhante à do aço.
4. ( ) Peças de MLC apresentam elevada e previsível resistência ao fogo. A taxa de carbonização é totalmente prevista durante o projeto.
5. ( ) As peças de MLC apresentam grandes áreas, enquanto as de CLT são lineares.
6. ( ) Geralmente, o compensado apresenta um número par de lâminas, e os veios das faces são alinhados ao longo da direção longitudinal.
7. ( ) O OSB apresenta um custo elevado, sendo por isso pouco utilizado nos Estados Unidos.
8. ( ) A fundação de casas de *light wood frame* pode ser de qualquer tipo.
9. ( ) O *light wood frame* apresenta estrutura de aço com paredes de madeira.

11.2 Complete as frases a seguir:

1. O ________ é um painel de madeira engenheirada que é pré-fabricado em grande tamanho.

2. O ________ é um painel homogêneo de madeira reconstituída que apresenta boa densidade, facilidade de usinagem em formas curvas, estabilidade dimensional e superfície lisa e uniforme.

3. O ________ é uma chapa de madeira reconstituída produzida a partir da prensagem das partículas de madeira em três camadas, junto com resinas.

4. O OSB pode ser comercializado em 3 tipos: ________, ________ e ________.

CAPÍTULO 12

Materiais asfálticos

Figura 12.1 – Ilustração de pavimento asfáltico.

Fonte: Canstock

O asfalto (betume) é um dos materiais de construção mais antigos empregados pelo homem, sendo citado em diversas passagens da Bíblia Sagrada. Em Gênesis 11:3: "Disseram uns aos outros: façamos tijolos, e queimemo-los bem. Os tijolos lhes serviram de pedras e o betume de argamassa".

Neste capítulo, abordaremos os materiais betuminosos. Em virtude de suas características, eles são utilizados na execução de pavimentos asfálticos e em serviços de impermeabilização.

12.1 INTRODUÇÃO

O asfalto é um hidrocarboneto, de cor preta, altamente viscoso, adesivo e impermeável. Conforme comentado no capítulo de aglomerantes, o asfalto é quimicamente inerte, visto que, para endurecer (solidificar), não necessita que ocorra nenhuma reação química. Seu endurecimento se dá apenas pela redução da temperatura.

Antigamente, o asfalto era obtido apenas da exploração de depósitos naturais, denominados de "lagos de asfaltos".

Atualmente, a obtenção de asfalto é realizada por meio da destilação do petróleo, sendo uma de suas frações mais pesadas. O produto resultante desse processo é chamado de cimento asfáltico de petróleo (CAP). Do refino do petróleo são extraídos outros produtos mais leves, como gasolina, diesel e querosene.

Figura 12.2 – Atualmente, o asfalto é obtido a partir do refino do petróleo.

Fonte: iStockphoto

12.2 CAP E CBUQ

O cimento asfáltico de petróleo (CAP) é um material termoplástico, ou seja, sua plasticidade varia em função da temperatura. Em temperaturas baixas, ele se aproxima do comportamento de um sólido. Já em temperaturas altas, toma a forma de um líquido.

No Brasil, a pavimentação asfáltica é a principal forma de revestimento rodoviário.

O pavimento asfáltico mais nobre é o concreto asfáltico, também chamado de concreto betuminoso usinado a quente, ou simplesmente (CBUQ).

Figura 12.3 – Concreto betuminoso usinado a quente (CBUQ).

Fonte: Canstock

O CBUQ é uma mistura constituída de agregados de vários tamanhos e cimento asfáltico de petróleo (CAP). Quando bem dosado e executado, é um produto impermeável, resistente, durável e flexível.

A quantidade de ligante asfáltico requerida para cobrir as partículas de agregado e preencher os vazios não pode ser muito grande. Geralmente, o teor de asfalto alcança valores compreendidos entre 4,5% e 6,0% da massa da mistura (Bernucci *et al.*, 2006).

O CAP precisa ser aquecido a altas temperaturas para obter consistência adequada para envolver os agregados e formar o concreto asfáltico. Além disso, a temperatura de aplicação do CBUQ varia de 110 a 170 °C.

Figura 12.4 – O CBUQ precisa de altas temperaturas para ser misturado e compactado.

Fonte: Canstock

Existem diversos ensaios que são feitos no CAP e no CBUQ. Em virtude da delimitação de escopo, eles não serão tratados neste livro.

A partir do cimento asfáltico de petróleo (CAP), podem ser produzidos outros produtos asfálticos, como a emulsão asfáltica, o asfalto diluído e o asfalto borracha.

12.3 ASFALTO DILUÍDO

Asfalto diluído é um material resultante da diluição do CAP por um destilado de petróleo (solvente) com a função de tornar a mistura líquida.

Após a aplicação do asfalto diluído, o solvente evapora, deixando como resíduo o CAP. Esse processo é chamado de **cura** do asfalto diluído.

Não se deve confundir a cura do asfalto diluído com a cura do concreto de cimento Portland. São fenômenos completamente diferentes, tão distintos quanto manga (camisa) e manga (fruta).

As vantagens do asfalto diluído são: menor viscosidade, maior facilidade de aplicação, poder ser aplicado em temperaturas baixas. A principal desvantagem é o fato de ser inflamável.

O asfalto diluído pode ser empregado em serviços de impermeabilização.

12.4 EMULSÃO ASFÁLTICA

Uma emulsão é uma mistura de líquidos imiscíveis. No caso da emulsão asfáltica, os materiais são o asfalto e a água. Para que os componentes permaneçam misturados é necessário o acréscimo de um agente emulsificante.

A emulsão asfáltica pode ser aplicada como impermeabilizante em lajes e outros elementos. Ademais, ela pode ser utilizada para produção de um revestimento asfáltico, chamado pré-misturado a frio (PMF) empregado para a pavimentação. A principal vantagem do PMF em relação CBUQ é que, como o próprio nome diz, ele não precisa de aquecimento para ser usado. Assim, o PMF pode ser executado com equipamentos mais simples.

Uma emulsão asfáltica tem cerca de 60% de asfalto, 1% de emulsificante e o restante de água.

12.5 ASFALTO BORRACHA

A borracha moída dos pneus inservíveis pode ser empregada na produção de misturas asfálticas de formas distintas: processo via seca e processo via úmida.

Figura 12.5 – Pneus inservíveis.

Fonte: Canstock

No processo via seca, a borracha moída é adicionada na forma de agregados na fabricação de concretos asfálticos.

No processo via úmida, a borracha é incorporada ao ligante asfáltico (CAP) sob altas temperaturas, cerca de 170 °C a 200 °C, formando um cimento asfáltico modificado, denominado simplesmente de asfalto borracha.

Ao contrário do primeiro processo, o segundo (via úmida) melhora significativamente as propriedades técnicas das misturas asfálticas.

O asfalto borracha apresenta diversas vantagens em relação ao asfalto convencional. A adição de borracha confere maior elasticidade (flexibilidade) ao produto, reduz sua oxidação (envelhecimento), aumenta a sua resistência mecânica, minimiza a ocorrência de trincas e afundamentos de trilhas de rodas. Por causa desse conjunto de benefícios, a durabilidade do pavimento é aumentada.

No entanto, como qualquer material, o asfalto borracha também apresenta algumas desvantagens. Uma das principais é a necessidade de temperaturas mais altas para usinar o material e compactá-lo em campo. Ademais, a manutenção de temperaturas mais altas gera um maior consumo de energia (queima de combustível), o que acarreta maior poluição atmosférica.

De modo geral, os benefícios do asfalto borracha superam as suas deficiências.

12.6 MANTAS ASFÁLTICAS

As mantas asfálticas são produtos impermeáveis à base de asfaltos modificados, fabricados em rolos, com o auxílio de agentes estruturantes. O asfalto modificado presente na composição da manta é o responsável pela impermeabilização da superfície. Existem diversos tipos diferentes de mantas asfálticas disponíveis no comércio.

As mantas asfálticas são materiais termoplásticos. Para a execução dos serviços de impermeabilização, necessitam ser aquecidas de forma a se tornarem maleáveis. Isso pode ser conseguido com o uso de maçaricos.

As emendas constituem pontos críticos dos serviços de impermeabilização. Portanto, são executadas sobreposições parciais entre as mantas. Após a aplicação da manta, devem ser executados testes de estanqueidade com a finalidade de detectar qualquer falha na impermeabilização.

As principais vantagens do uso de mantas asfálticas como materiais de impermeabilização de superfícies são obtenção de espessura constante, relativa facilidade de aplicação, agilidade na execução, não necessidade de cura e boa qualidade.

Figura 12.6 – Aplicação de manta asfáltica.

Fonte: Canstock

MATERIAL EXTRA

Este capítulo apresenta videoaula:

Materiais asfálticos

http://livro.link/an12

Qualquer dúvida, é só deixar um **comentário** nos vídeos. Na medida do possível, vou respondendo. Bons estudos!

EXERCÍCIOS DE FIXAÇÃO

A melhor maneira de saber se você aprendeu é **testando sua memória**. Assim, sugiro que você faça os exercícios de fixação **sem consultar a teoria**. Após terminar, revise os pontos que você errou ou não lembrava.

12.1 Julgue as seguintes afirmativas em verdadeiro (V) ou falso (F):

1. ( ) No pavimento asfáltico, o teor de asfalto alcança valores compreendidos entre 20% e 33% da massa da mistura.

2. ( ) O CAP precisa ser aquecido a altas temperaturas para obter consistência adequada para envolver os agregados e formar o concreto asfáltico.

3. ( ) Uma emulsão asfáltica tem cerca de 60% de asfalto, 1% de emulsificante e o restante de água.

4. ( ) O asfalto borracha apresenta diversas vantagens em relação ao asfalto tradicional, sendo a principal a necessidade de temperatura mais baixa para ser usinado.

5. ( ) Quanto maior a espessura da manta asfáltica, pior o desempenho do material.

12.2 Complete as frases a seguir:

1. O cimento ________ é um material termoplástico, ou seja, sua plasticidade varia em função da temperatura.

2. O concreto asfáltico é chamado também de concreto ________.

3. ________ é um material resultante da diluição do CAP por um destilado de petróleo (solvente) com a função de tornar a mistura líquida.

4. ________ é uma mistura de asfalto e água. Para que os componentes permaneçam misturados, é necessário o acréscimo de um agente emulsificante.

CAPÍTULO 13

Argamassa

Figura 13.1 – Argamassa.

Fonte: iStockphoto

As argamassas podem ser empregadas para revestimento de paredes, colagem de placas, rejuntamento, assentamento de alvenaria, entre outros usos.

Neste capítulo, aprenderemos sobre as principais matérias-primas, as formas de preparo, os diferentes tipos de argamassa e suas características.

13.1 MATÉRIAS-PRIMAS

Argamassa é uma mistura homogênea de um ou mais aglomerantes (cimento, cal e gesso), agregado miúdo e água. Além disso, pode-se empregar aditivos.

O cimento contribui para o incremento da resistência e da durabilidade da argamassa. Entretanto, o excesso pode acarretar problemas, como o aumento da fissuração.

A utilização de cal hidratada melhora as características de trabalhabilidade e capacidade de absorver deformações. A cal ajuda a deixar a textura da argamassa mais macia e fácil de espalhar. Entretanto, o emprego de cal reduz a resistência da mistura, quando comparamos com uma argamassa de cimento.

A água permite a ocorrência das reações entre os diversos componentes, sobretudo as do cimento, e possibilita a trabalhabilidade.

A granulometria, a forma dos grãos e a natureza do agregado miúdo (areia lavada, areia de cava, areia britada etc.) influenciam fortemente em todas as propriedades da argamassa.

Os aditivos são adicionados com o objetivo de melhorar as propriedades da argamassa no estado fresco e no estado endurecido.

A Figura 13.2 ilustra um tipo de aditivo plastificante. Atualmente, o uso de aditivos plastificantes tem ficado cada vez mais comum. No entanto, é importante tomar cuidado para não exagerar na dose. O excesso de aditivo é prejudicial.

Figura 13.2 – Aditivo plastificante.

13.2 TRAÇO

O traço da argamassa indica a proporção dos materiais por unidade de cimento, podendo ser expresso em massa ou em volume. Por exemplo, 1:3 (uma parte de cimento para três de agregado miúdo); 1:2:9 (uma parte de cimento para duas partes de cal e 9 de agregado miúdo).

13.3 FORMAS DE PREPARO

13.3.1 RODADA NA OBRA

Argamassa rodada na obra é aquela cujos materiais constituintes são medidos em volume ou massa e são misturados na própria obra. Sempre que possível, deve-se usar betoneiras. Nos casos em que não existe essa possibilidade, deve-se no mínimo empregar uma masseira para evitar o contato da argamassa com as impurezas do chão.

- **Vantagens**: possibilidade de execução de traços diferentes; em alguns casos, menor custo.
- **Desvantagens**: necessidade de maior controle de qualidade dos materiais e da dosagem; menor produtividade; grande desperdício; geralmente, menor qualidade.

13.3.2 INDUSTRIALIZADA

Argamassa industrializada é aquela cujos materiais são dosados de forma controlada em instalação própria, vendida em estado seco e homogêneo. O usuário somente precisa adicionar a quantidade de água requerida.

Existem inúmeras marcas e tipos distintos de argamassa industrial disponíveis no mercado da construção civil.

- **Vantagens**: melhor forma de armazenamento e transporte; menor desperdício; maior controle de qualidade; maior produtividade, entre outras.
- **Desvantagens**: em alguns casos, preço ligeiramente superior à rodada na obra.

Figura 13.3 – Argamassa industrializada.

13.3.3 USINADA EM CENTRAL

Assim como o concreto usinado, a argamassa usinada já chega pronta para uso. Algumas argamassas usinadas são estabilizadas por meio de aditivos que as mantêm trabalháveis (fluidas) por cerca de 36 a 72 horas.

- **Vantagens**: maior produtividade; menor quantidade de mão de obra; bom controle de qualidade.
- **Desvantagens**: preço superior às demais; necessidade de compra de maiores volumes.

A Figura 13.4 ilustra o recebimento e o armazenamento de argamassa estabilizada para aplicação em revestimentos argamassados.

Figura 13.4 – Chegada do caminhão-betoneira com argamassa estabilizada na obra.

Fonte: Albuquerque (2019)

13.4 TIPOS

As características das argamassas devem variar conforme o tipo de aplicação.

13.4.1 ARGAMASSA DE ASSENTAMENTO

A argamassa de assentamento de alvenaria é empregada para a elevação de paredes e muros. Pode ser preparada na obra ou comprada pronta.

Essa argamassa tem diversas funções: une as unidades de alvenaria (blocos ou tijolos) de modo a constituir um elemento único; possibilita a distribuição uniforme das cargas atuantes na parede por toda a área dos blocos e tijolos; absorve as tensões causadas pela dilatação e retração a que a alvenaria está sujeita em função de variações térmicas e higroscópicas; proporciona estanqueidade à parede contra a ação da água.

Figura 13.5 – Argamassas de assentamento de alvenaria.

Fonte: Canstock

13.4.2 ARGAMASSA DE REVESTIMENTO

Os revestimentos internos e externos de argamassa contribuem para a regularização da superfície do substrato, impermeabilização, proteção contra intempéries e melhorias acústicas nos ambientes.

O revestimento argamassado tradicional é composto por três camadas superpostas: **chapisco**, **emboço** e **reboco**.

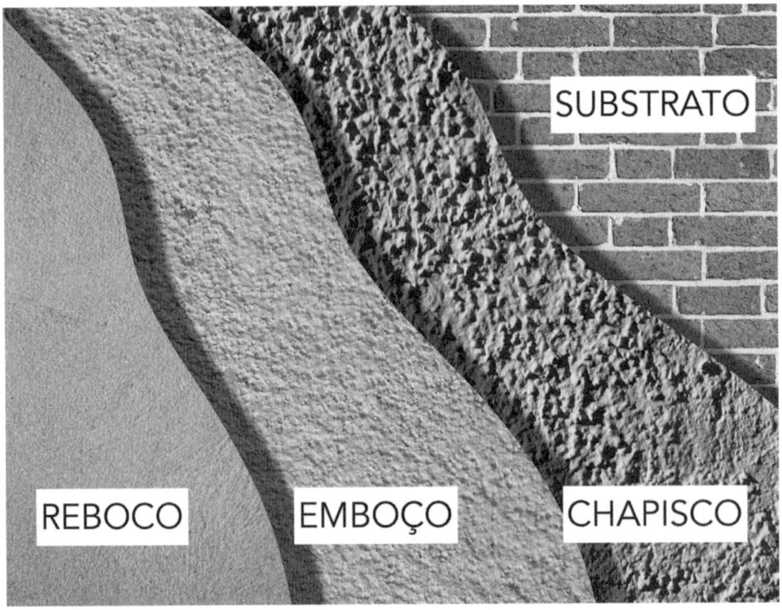

Figura 13.6 – Três camadas do revestimento argamassado tradicional: chapisco, emboço e reboco.

13.4.2.1 Chapisco

De forma rigorosa, o chapisco não é propriamente uma camada de revestimento. É considerado uma camada de preparo da base com a finalidade de uniformizar a superfície quanto à absorção e tornar a base mais rugosa (melhorar a aderência do revestimento). Ele é preparado com uma argamassa composta por areia grossa e rica em cimento. Sua espessura varia entre 3 e 5 mm.

13.4.2.2 Emboço

A camada de emboço, também chamada de massa grossa, é a aplicada, geralmente, após o chapisco. Essa camada corrige pequenas irregularidades, melhora o acabamento da alvenaria e protege a parede contra as intempéries. É a camada mais espessa do revestimento, com espessura variando entre 1,5 e 2 cm (ambiente interno) e de 3 a 4 cm (ambiente externo).

Em alguns casos, podemos adicionar uma malha metálica à camada de emboço para melhorar a resistência à tração e reduzir a ocorrência de fissuras no revestimento.

13.4.2.3 Reboco

O reboco, também chamado de massa fina, tem cerca de 5 mm de espessura. Constitui a camada lisa que torna a textura da parede mais fina para receber pintura. Pode ser substituída pela massa corrida. Emprega areia de granulometria mais fina do que a de emboço. Não é utilizada quando for aplicado o revestimento cerâmico.

13.4.2.4 Camada única

No Brasil, é muito comum aplicar apenas um tipo de argamassa como revestimento. Esta técnica é chamada de camada única. Sobre essa camada, pode-se aplicar diretamente a camada decorativa, como a pintura.

13.4.3 ARGAMASSA COLANTE

Argamassa colante é um produto industrial vendido em sacos no estado seco. É composto de cimento, agregados e aditivos químicos. Para seu uso, basta misturar a água na medida certa, conforme indicação do fabricante.

As argamassas colantes são empregadas para assentamento de placas cerâmicas e pedras aos revestimentos. Em geral, os fabricantes produzem argamassas especiais para cada tipo de aplicação (cerâmica interna, cerâmica externa, porcelanato, grandes formatos, piso sobre piso, pastilha, bloco de vidro, pedra e mármore).

Figura 13.7 – Assentamento de placas cerâmicas com argamassa colante.

Fonte: Canstock

13.4.3.1 Forma de aplicação

A argamassa colante deve ser aplicada com o auxílio de uma desempenadeira dentada, formando cordões ou sulcos. O tamanho dos dentes da desempenadeira depende do tamanho da placa que será assentada.

As placas devem ser aplicadas sobre a argamassa, com o auxílio de pressão, amassando os cordões de argamassa colante até entrarem em contato com todo o verso da placa.

Alguns cuidados são importantes. A superfície da base não deve apresentar desvios de prumo. Além disso, a base na qual será aplicada a argamassa colante deve estar seca e isenta de poeiras, tintas ou qualquer outra substância que possa diminuir a ancoragem da argamassa no substrato.

Figura 13.8 – A aplicação da argamassa é feita com o auxílio de uma desempenadeira.

Fonte: Canstock

13.4.3.2 Tipos de argamassa colante

Os agentes climáticos (chuva, calor e frio) atuam sobre o revestimento. As placas cerâmicas têm a tendência de se dilatarem ou retraírem em função de variações de temperatura e umidade, gerando tensões sobre o revestimento. Para um perfeito assentamento, é necessário saber escolher corretamente o tipo de argamassa colante que irá empregar em sua obra.

As argamassas colantes são classificadas em três grupos, em ordem de exigências e qualidade: AC-I, AC-II e AC-III.

- AC-I: a argamassa colante do tipo I apresenta propriedades compatíveis para assentamento de placas cerâmicas apenas em áreas internas (secas ou molháveis). Lembre-se de não empregar esse tipo de produto em fachadas e áreas externas.
- AC-II: a argamassa colante do tipo II possui propriedades melhores que AC-I. Pode ser aplicada tanto em revestimentos internos quanto nos revestimentos externos da edificação. Além disso, pode ser empregada também em piscinas de água fria e pisos cerâmicos expostos ao ar livre.
- AC-III: a argamassa colante do tipo III possui propriedades superiores às das duas anteriores, principalmente no que tange a sua capacidade de aderência ao substrato. Lembre-se "quem pode mais pode menos". Assim, a AC-III pode ser aplicada nos ambientes recomendados para AC-I e AC-II. A AC-III é indicada para assentamento de porcelanatos e revestimentos cerâmicos em piscinas de água quente, saunas etc.

13.4.4 ARGAMASSA PARA REJUNTE

As construções sofrem muito com as tensões provocadas pelas variações de temperatura e umidade. No caso dos revestimentos cerâmicos, para aliviar os esforços, devem ser previstas juntas para absorver a movimentação, diminuindo a incidência de trincas e descolamento da placa. As juntas de rejuntamento apresentam de 2 a 10 mm de espessura.

A argamassa de rejuntamento, também denominada de rejunte, geralmente é produzida à base de cimento branco. É um material industrializado próprio para preencher as juntas de assentamento entre as placas cerâmicas e dar acabamento estético ao revestimento. Atualmente, existe uma grande variedade de cores de rejunte.

13.4.5 ARGAMASSA DE CONTRAPISO

O contrapiso consiste em uma camada de argamassa assentada sobre um substrato, desempenhando várias funções, como regularizar a base; possibilitar o desnível entre os ambientes; proporcionar declives para o escoamento de água (caimento); servir de substrato para o revestimento final; e melhorar o conforto acústico e térmico do ambiente.

13.4.5.1 Tradicional

Os contrapisos são executados, tradicionalmente, com uma argamassa de consistência seca (chamada geralmente na obra de "farofa"), energicamente compactada contra a base.

Figura 13.9 – Execução do contrapiso tradicional.

Um traço comum para esse tipo de serviço é o 1:6 (uma parte de cimento para seis de areia).

As manifestações patológicas mais usuais são desagregação superficial (esfarelar) e caimento errado.

13.4.5.2 Autonivelante

Além da argamassa de contrapiso tradicional, atualmente está se tornando comum o uso de uma argamassa de consistência muito fluida, chamada de autonivelante.

Esse tipo de argamassa tem uma produtividade enorme. Pelo fato de ser praticamente líquida, não são necessárias as operações de nivelar, sarrafear e desempenar, demandando apenas pequenas batidas de um rodo sobre a argamassa fresca para remover o excesso de ar aprisionado.

Como desvantagens desse tipo de argamassa, temos: maior custo; formação de uma camada muito lisa que, caso não tratada, pode prejudicar a aderência com as camadas superiores; e impossibilidade de uso em áreas molhadas e molháveis, como banheiros e cozinhas (impossibilidade de executar o caimento).

13.5 PROPRIEDADES DA ARGAMASSA

Neste tópico, mencionaremos de maneira breve algumas propriedades das argamassas.

13.5.1 TRABALHABILIDADE

A seguir, serão descritos dois ensaios que avaliam a consistência da argamassa, com a finalidade de estimar sua trabalhabilidade, ou seja, sua facilidade de execução.

13.5.1.1 Mesa de consistência

O ensaio de medição de índice de consistência é um dos mais empregados para caracterizar as argamassas. O ensaio consiste em avaliar o diâmetro de uma amostra de argamassa moldada na forma de um tronco cone sobre uma mesa de ensaio-padrão.

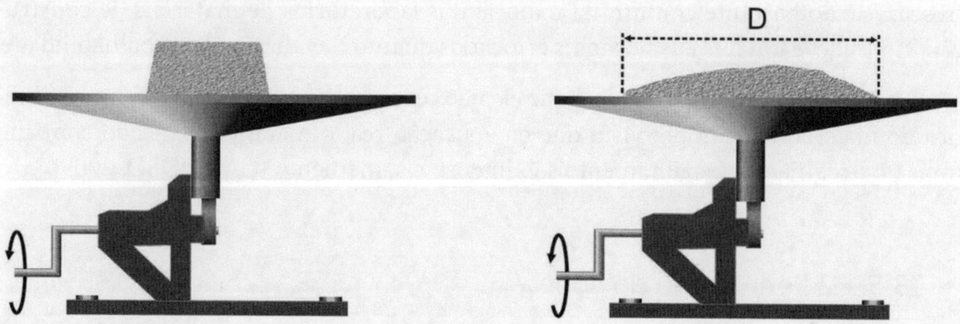

Figura 13.10 – Ensaio de determinação de índice de consistência da argamassa (D).

Fonte: Paixão Silva (2006)

A argamassa fresca é preenchida sobre um molde troncocônico, colocado no centro da mesa. O molde é retirado e a argamassa é forçada a se deformar por meio da aplicação de 30 golpes verticais, acionados pela manivela. O resultado do ensaio é o valor da média do espalhamento (D) em mm, sendo medido três vezes. Quanto maior o espalhamento, maior seria a facilidade de a argamassa se espalhar e, dessa forma, mais "trabalhável" ela seria.

(a) (b)

Figura 13.11 – Exemplo de ensaio de mesa de consistência: (a) argamassa antes dos impactos dos testes e (b) depois dos impactos do teste (índice de consistência de 279 mm).

Fonte: adaptada de Cardoso (2009)

Esse ensaio é um dos mais utilizados na avaliação da consistência das argamassas frescas, sendo bastante comum na maioria dos laboratórios de materiais de construção. Contudo, é um dos ensaios mais criticados quanto à avaliação da trabalhabilidade.

Uma desvantagem do método é que ele não reproduz as condições de aplicação prática do material em campo, visto que na aplicação real o material é lançado com alto impacto e seguido de espalhamento sob intenso cisalhamento (CARDOSO, 2009).

13.5.1.2 Penetração do cone

O ensaio de penetração do cone é relativamente simples. Depois de preparada, a argamassa é colocada em um recipiente cilíndrico. Em seguida, o cone é posicionado rente à superfície. Após a liberação, o cone penetra na argamassa pela ação apenas da gravidade. A medida da **penetração** em milímetros é o resultado do ensaio. Quanto maior for a penetração, mais trabalhável será a argamassa.

As vantagens do método de penetração do cone são decorrentes de uma melhor reprodutibilidade de seus resultados. Ao contrário da mesa de consistência, o ensaio de cone pode ser utilizado para controlar a consistência de argamassas. No entanto, uma avaliação isolada do valor da penetração ainda não é suficiente para definir completamente a trabalhabilidade da argamassa, visto que foca apenas um parâmetro reológico, sem avaliar a viscosidade do material (BAUER; SOUSA; GUIMARÃES, 2005).

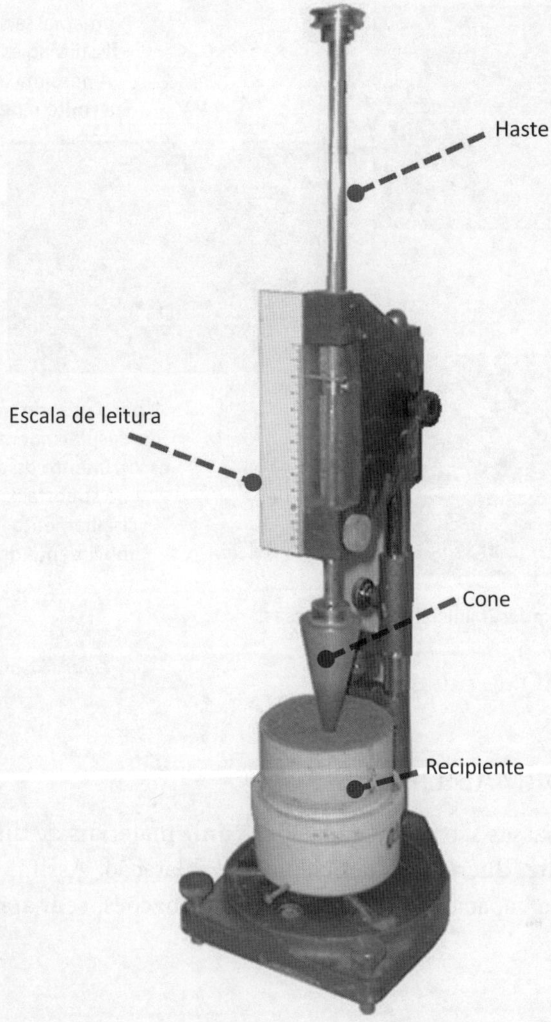

Figura 13.12 – Ensaio de penetração do cone.

Fonte: adaptada de Pereira (2007)

13.5.2 ADESÃO INICIAL

A adesão inicial é a propriedade da argamassa de permanecer aderida ao substrato – momentaneamente – após a sua aplicação, não significando necessariamente sua completa adesão em longo tempo. A Figura 13.13 ilustra a falta de adesão inicial.

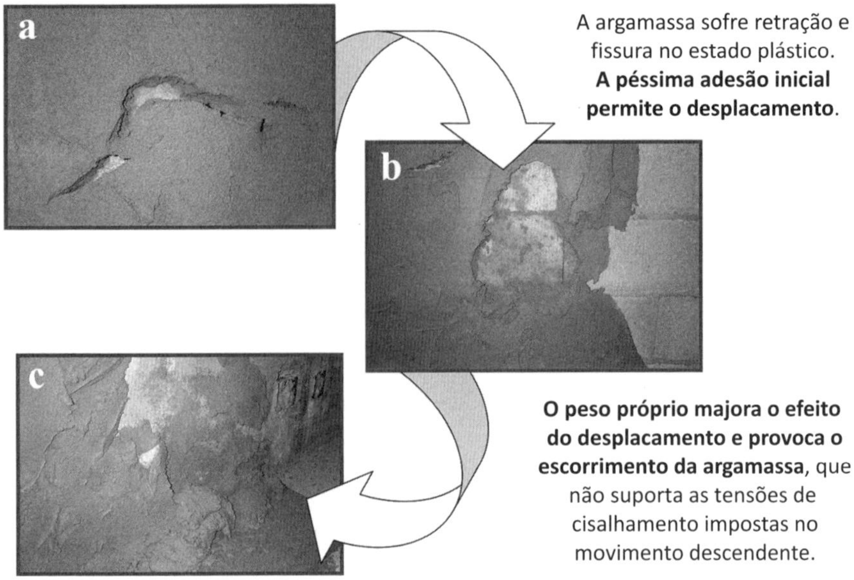

Figura 13.13 – Falha de adesão inicial em argamassas.

Fonte: adaptada de Gonçalves (2004)

13.5.3 DEFORMABILIDADE

Em geral, as argamassas são empregadas para unir materiais de diferentes naturezas e, consequentemente, diferentes coeficientes de dilatação. Assim, a argamassa deve apresentar uma boa capacidade de absorver deformações, sem apresentar fissuras e trincas.

13.5.4 ADERÊNCIA

Aderência é a capacidade do revestimento de resistir a tensões que atuam na interface entre o substrato e a camada de argamassa. Esse fenômeno é químico e, primordialmente, mecânico. A penetração da argamassa nos poros e na rugosidade do substrato proporciona uma ancoragem.

Para avaliar a aderência das camadas de argamassa ao substrato, pode ser realizado o ensaio de aderência à tração, conforme mostrado na Figura 13.14. Detalhes do procedimento de ensaio devem ser consultados na norma ABNT NBR 15258:2021 (Argamassa para revestimento de paredes e tetos: determinação da resistência potencial de aderência à tração).

A resistência de aderência à tração para a parede externa com o acabamento cerâmico deve ser superior a 0,3 Mpa (ABNT NBR 13749/2013).

Figura 13.14 – Ensaio para determinação da aderência à tração do revestimento.

Fonte: Pereira (2007)

Quanto maior a extensão de contato entre a argamassa e o substrato, maior será a aderência.

A falta de aderência pode causar o descolamento do revestimento. Essa manifestação patológica reduz a durabilidade do empreendimento, possibilita a ocorrência de infiltrações e coloca em risco a vida de pedestres pela queda de placas.

Figura 13.15 – Falhas de aderência em revestimento cerâmico.

Fonte: Almeida (2012)

MATERIAL EXTRA

Este capítulo apresenta duas videoaulas:

Argamassa – Parte 1

http://livro.link/an13

Argamassa – Parte 2

http://livro.link/an14

Qualquer dúvida, é só deixar um **comentário** nos vídeos. Na medida do possível, vou respondendo. Bons estudos!

EXERCÍCIOS DE FIXAÇÃO

A melhor maneira de saber se você aprendeu é **testando sua memória**. Assim, sugiro que você faça os exercícios de fixação **sem consultar a teoria**. Após terminar, revise os pontos que você errou ou não lembrava.

13.1 Julgue as seguintes afirmativas em verdadeiro (V) ou falso (F):

1. ( ) A cal ajuda a deixar a textura da argamassa mais macia e fácil de espalhar.
2. ( ) As vantagens da argamassa rodada na obra são: possibilidade de execução de traços diferentes; em alguns casos, menor custo; e maior homogeneidade.
3. ( ) As vantagens da argamassa industrializada são: melhor forma de armazenamento e transporte; menor desperdício; maior produtividade; entre outras.
4. ( ) Algumas argamassas usinadas são estabilizadas por meio de aditivos que as mantêm trabalháveis por até 72 horas.

5. ( ) O emboço é preparado com uma argamassa composta por areia grossa e rica em cimento, e sua função é melhorar a aderência da base e deixar a superfície mais rugosa.
6. ( ) A AC-II é indicada para assentamento de porcelanatos e revestimentos cerâmicos em piscinas de água quente, saunas etc.
7. ( ) Um traço comum para a argamassa de contrapiso tradicional é o 1:6 (uma parte de cimento para seis de areia).
8. ( ) A argamassa autonivelante não necessita de operações de nivelar, sarrafear e desempenar.

13.2 Complete as frases a seguir:

1. ________ é aquela cujos materiais são dosados de maneira controlada em instalação própria, vendidas em estado seco e homogêneo.

2. O revestimento argamassado tradicional é composto por três camadas superpostas: ________, ________ e ________.

3. O ________, também chamado de massa fina, tem cerca de 5 mm de espessura. Constitui a camada lisa que torna a textura da parede mais fina para receber a pintura.

4. A argamassa colante deve ser aplicada com o auxílio de uma ________.

5. Os ensaios de ________ e ________ são utilizados para se ter uma ideia da trabalhabilidade da argamassa.

6. A ________ é a propriedade da argamassa de permanecer aderida ao substrato momentaneamente.

7. A ________ é a capacidade do revestimento de resistir a tensões que atuam na interface entre o substrato e a camada de argamassa.

CAPÍTULO 14

Materiais cerâmicos

Figura 14.1 – Variedade de revestimentos cerâmicos.

Fonte: Canstock

Atualmente, a cerâmica está presente em vários tipos de indústria. Pode ser utilizada no artesanato, na construção civil ou até mesmo na tecnologia espacial, com a fabricação de componentes de naves.

No setor de construção civil, esses materiais estão presentes em várias fases da edificação: na alvenaria (tijolos e blocos), na cobertura (telhas), no acabamento (azulejos e porcelanatos) etc.

14.1 INTRODUÇÃO

A cerâmica é o material mais antigo produzido pelo homem. A origem do termo cerâmica é proveniente do grego *keramos*, que significa terra queimada ou argila queimada.

Pesquisas apontam que a produção da cerâmica tem cerca de 10 mil anos de história. Você pode perceber que, frequentemente, esse tipo de material é encontrado em escavações arqueológicas.

Para se ter uma ideia da versatilidade e da durabilidade dos materiais cerâmicos, observe os Guerreiros de Xian, produzidas há cerca de 2.200 anos. Ao total, foram enterradas mais de 8 mil esculturas de soldados junto ao mausoléu do imperador da China Qin Shi Huang. Essas esculturas foram descobertas intactas na década de 1970.

Figura 14.2 – Guerreiros de Xian. Estátuas moldadas com argila há mais de 2.200 anos.

Fonte: Canstock

14.2 DEFINIÇÕES

Cerâmica é um material inorgânico, não metálico, queimado em altas temperaturas. A cerâmica tradicional é obtida a partir de argilas e outros materiais inorgânicos.

Argila é um tipo de solo muito fino. Quando na presença de água, forma uma pasta que pode ser moldada. Com a perda da umidade, endurece e ganha resistência.

Figura 14.3 – A argila é a base dos materiais cerâmicos.

Fonte: Canstock

14.3 FABRICAÇÃO

O processo de fabricação varia conforme o tipo de produto cerâmico. No entanto, em linhas gerais, podemos citar as seguintes etapas principais:

- **Extração**: consiste no processo de retirada e tratamento da matéria-prima.
- **Beneficiamento**: após a extração, os materiais devem ser beneficiados por meio do processo de moagem e dosados de maneira apropriada.
- **Formação das peças**: o modo de conformação varia conforme o tipo de peça. Os processos mais usuais são colagem, prensagem e extrusão.
- **Secagem**: consiste na eliminação da água empregada na moldagem das peças. É uma etapa muito importante, pois uma secagem deficiente pode acarretar fissuras, com significativos prejuízos à qualidade do produto.

- **Queima**: nos fornos, a altas temperaturas, ocorre a transformação da estrutura química e física do material. Quanto mais lenta e homogênea for a queima, melhor será a qualidade do produto.
- **Esmaltamento**: muitos materiais cerâmicos recebem uma camada fina de esmalte ou vidrado.

14.4 TIPOS

Para facilitar o entendimento, vamos separar os materiais cerâmicos usados na construção civil segundo as suas finalidades: alvenaria, telhas e revestimento. As louças cerâmicas não serão abordadas.

Figura 14.4 – Existem vários tipos de produtos cerâmicos.

Fonte: Canstock

14.4.1 ALVENARIA

Alvenaria é o processo de construção de paredes e muros usando tijolos, pedras ou blocos. A consolidação desses materiais é feita por meio da argamassa de assentamento, conforme visto no Capítulo 13.

As unidades de alvenaria de concreto ou de cerâmica podem ser classificadas em dois grandes grupos: estruturais e de vedação. Os blocos estruturais têm a função de suportar as cargas da edificação. Já os blocos de vedação, em suma, apenas separam e protegem os ambientes.

Os tijolos maciços e blocos cerâmicos apresentam um bom desempenho acústico e térmico. No entanto, sofrem com a falta de padronização e falhas de qualidade.

Os tijolos maciços, também chamados de tijolos comuns, podem ser usados na construção de paredes internas e externas.

Figura 14.5 – Tijolos maciços.

Ao contrário dos tijolos maciços, os blocos cerâmicos apresentam furos (na horizontal ou na vertical). Esses vazios contribuem para a diminuição do peso da estrutura. Os blocos podem ser de vedação ou estrutural. Os elementos que dividem os blocos e formam os furos são chamados septos.

A avaliação da qualidade desses materiais é feita a partir de exames dimensionais, ensaios de absorção e resistência à compressão e análise visual da homogeneidade.

Figura 14.6 – Avaliação dos blocos cerâmicos. Na foto, o excelente laboratorista Severo avalia uma amostra de blocos cerâmicos.

14.4.2 TELHAS

As telhas cerâmicas são largamente aplicadas no Brasil desde o período colonial. Elas são encontradas em diferentes formas e dimensões.

As telhas devem atender a critérios de qualidade. A tolerância dimensional deve ser no máximo 2%. O limite de absorção máximo é de 20% para climas temperado ou tropical (ABNT NBR 15310/2009). Além disso, as telhas devem ser impermeáveis, não sendo admissível a formação de vazamentos ou gotas na sua parte inferior.

Segundo o seu formato, podemos classificar as telhas em dois grupos: capa e canal e de encaixe. As telhas colonial e paulista são exemplos de **telhas capa e canal**. As telhas francesa, romana e termoplan são exemplos de **telhas de encaixe**.

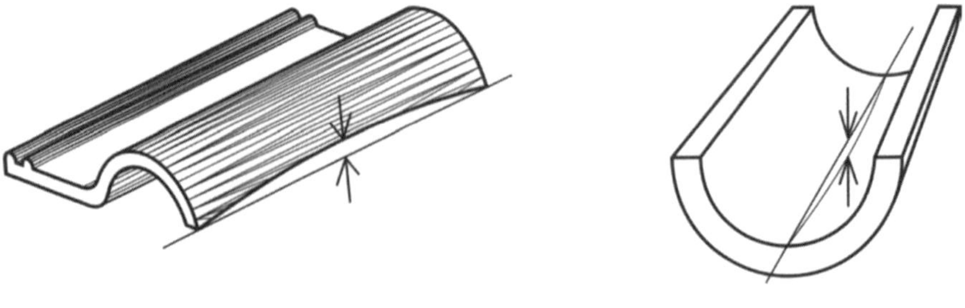

Figura 14.7 – Representação esquemática da retilineidade das telhas de encaixe (esquerda) e de sobreposição (direita).

Fonte: ABNT NBR 15310 (2009)

As telhas devem apresentar cargas de ruptura à flexão inferiores às indicadas na Tabela 14.1.

Tabela 14.1 – Tipos de telhas e cargas de ruptura

Tipos de telhas	Exemplos	Cargas em N e (KGF)
Planas de encaixe	Telhas francesas	1000 (100)
Compostas de encaixe	Telhas romanas	1300 (130)
Simples de sobreposição	Telhas capa e canal colonial Telhas plan Telhas paulista Telhas Piauí	1000 (100)
Planas de sobreposição	Telhas alemãs e outras	1000 (100)

Fonte: adaptada de ABNT NBR 15310 (2009)

De acordo com a ABNT NBR 15310: 2009, "a determinação da carga de ruptura à flexão simples (flexão a três pontos ou ensaio dos três cutelos) tem por finalidade simular situações genéricas no transporte, no uso, na construção e na manutenção das telhas".

Mais detalhes sobre características geométricas e dimensionais, retilineidade, requisitos específicos, tolerâncias, formas de inspeção e critérios de aceitação e rejeição podem ser conferidos na supracitada norma.

14.4.3 REVESTIMENTO

Os revestimentos cerâmicos se comportam muito bem no clima quente brasileiro. Ademais, esses materiais são fáceis de aplicar, têm custo relativamente baixo e apresentam uma estética agradável, com grande variedade de tipos, podendo até imitar madeiras e pedras.

Geralmente, o comércio separa os produtos em classes de acordo com o local de aplicação: parede interna, parede externa, piso interno e piso externo. As placas cerâmicas para aplicação em parede são chamadas simplesmente de revestimentos. Já as indicadas para a aplicação no piso são denominadas de piso cerâmico.

Quando precisar comprar placas cerâmicas, você irá se deparar com inúmeros tipos, preços e nomenclaturas. Neste tópico, você aprenderá as principais características dos revestimentos cerâmicos, podendo, assim, diferenciar os produtos e escolher a melhor opção para cada situação.

Figura 14.8 – Revestimento cerâmico com textura.

14.4.3.1 Absorção de água

A principal propriedade de uma placa cerâmica é a sua absorção de água. Quanto menor a absorção, mais nobre é o revestimento. A absorção de água influi diretamente nas outras propriedades, como resistência à mancha, resistência mecânica e resistência à abrasão. A absorção é dada pela seguinte equação, onde *Mu* corresponde à massa úmida e *Ms*, à massa seca.

$$\text{Absorção} = \frac{Mu - Ms}{Ms} \times 100\%$$

Os revestimentos cerâmicos são classificados comercialmente de acordo com a absorção em: porcelanato, grés, semigrés, semiporoso e poroso.

Tabela 14.2 – Classificação comercial associada aos grupos de absorção de água

Classe comercial	Absorção (%)
Porcelanato	0 a 0,5
Grés	0,5 a 3
Semigrés	3 a 6
Semiporoso	6 a 10
Poroso	Maior que 10

Fonte: adaptada de ANFACER (2022)

No comércio, é comum a separação dos materiais em placas cerâmicas e porcelanatos. No entanto, conforme visto na Tabela 14.1, o porcelanato é apenas um dos tipos de revestimento cerâmico. Para ser considerado porcelanato, o material deve apresentar absorção menor que 0,5%.

14.4.3.2 Resistência à mancha

Algumas cerâmicas são mais fáceis de limpar e tirar manchas do que outras. A resistência à mancha indica a facilidade de limpeza das placas cerâmicas. Os grupos se dividem em cinco classes: 1 – impossibilidade de remoção de manchas; 2 – mancha removível com ácido; 3 – mancha removível com amoníaco; 4 – mancha removível com produto fraco (detergente); e 5 – máxima facilidade de remoção de manchas.

14.4.3.3 Resistência mecânica

Resistência mecânica é a propriedade da placa de resistir às tensões impostas sobre ela, sem se romper. Depende tanto do material quanto da espessura da placa.

14.4.3.4 Resistência à abrasão

Quanto maior o fluxo de pessoas, maior deverá ser a resistência ao desgaste da placa cerâmica. A resistência ao desgaste superficial em placas cerâmicas esmaltadas (PEI – sigla em inglês) indica a resistência ao desgaste de uma superfície esmaltada causada pelo tráfego de pessoas, contato com sujeiras abrasivas e movimentos de objetos. Esse parâmetro orienta onde a cerâmica pode ser aplicada, conforme mostrado na Tabela 14.2.

Tabela 14.3 – Resistência ao desgaste superficial em placas cerâmicas esmaltadas

Classe PEI	Resistência ao desgaste	Exemplo de ambientes
0	–	Desaconselhável para pisos
1	Baixa	Banheiros e quartos de residências
2	Média	Ambientes de residências sem porta externa
3	Média alta	Cozinhas residenciais, corredores e escritórios
4	Alta	Estabelecimentos comerciais internos
5	Altíssima	Áreas públicas de alto tráfego (shopping, aeroportos, escolas etc.)

Fonte: Sinduscon-MG (2009)

O PEI é uma característica muito importante na hora de especificar o produto. A escolha de uma cerâmica com um PEI baixo para um ambiente de alto tráfego diminui muito a durabilidade do material.

O porcelanato apresenta PEI? Depende. O porcelanato técnico, como recebe decoração na própria massa, não apresenta PEI. Já o porcelanato esmaltado, como qualquer outra placa cerâmica esmaltada, deve apresentar a indicação do PEI.

14.4.3.5 Coeficiente de atrito

Quanto mais áspero e rugoso for o piso, maior será a sua resistência ao escorregamento, isto é, maior o coeficiente de atrito úmido (COF – sigla em inglês). A Figura 14.9 mostra um exemplo de piso antideslizante.

Figura 14.9 – Piso antideslizante.

MATERIAL EXTRA

Este capítulo apresenta videoaula:

Materiais cerâmicos

http://livro.link/an15

Qualquer dúvida, é só deixar um **comentário** nos vídeos. Na medida do possível, vou respondendo. Bons estudos!

EXERCÍCIOS DE FIXAÇÃO

A melhor maneira de saber se você aprendeu é **testando sua memória**. Assim, sugiro que você faça os exercícios de fixação **sem consultar a teoria**. Após terminar, revise os pontos que você errou ou não lembrava.

14.1 Julgue as seguintes afirmativas em verdadeiro (V) ou falso (F):

1. ( ) A cerâmica é um material inorgânico metálico.
2. ( ) A secagem deficiente apenas causa defeitos estéticos nos produtos cerâmicos.
3. ( ) A queima dos produtos cerâmicos deve se dar de maneira rápida e homogênea para melhorar a qualidade do produto.
4. ( ) O tijolo comum apresenta uma série de furos para diminuir o seu peso.
5. ( ) O limite de absorção das telhas é de, no máximo, 20%.
6. ( ) As telhas romanas são um exemplo de telhas do tipo capa e canal.
7. ( ) Para ser considerado porcelanato, o revestimento cerâmico deve apresentar absorção à água menor que 0,5%.
8. ( ) A classe 5 de resistência à mancha apresenta uma maior dificuldade de limpar do que a classe 1.
9. ( ) O porcelanato técnico deve mostrar a indicação do PEI, enquanto o porcelanato esmaltado não apresenta.
10. ( ) Quanto mais áspero e rugoso for o piso, maior será o COF.

14.2 Complete as frases a seguir:

1. As unidades de alvenaria de concreto ou de cerâmica podem ser classificadas em dois grandes grupos: ________ e ________.

2. Os blocos ________ têm a função de suportar as cargas da edificação.

3. A principal propriedade de uma placa cerâmica é ________.

4. O ________ indica a resistência ao desgaste de uma superfície esmaltada causada pelo tráfego de pessoas, contato com sujeiras abrasivas e movimentos de objetos.

CAPÍTULO 15
Metais

Figura 15.1 – Torre Eiffel, Paris, França.

Fonte: Canstock

Por serem resistentes, versáteis e duráveis, os metais mudaram o curso da história humana. Em quase tudo que usamos, vemos a presença dos metais. As aplicações são inúmeras, eles estão na torneira, nas lâminas de barbear, nos carros, nos aviões, nos talheres, na construção de arranha-céus, nas pontes etc. Neste capítulo, comentaremos algumas características dos metais, com ênfase no aço.

15.1 CONCEITOS BÁSICOS

Os metais são elementos caracterizados como bons condutores de eletricidade e calor, apresentam brilho "metálico" característico e são sólidos, com exceção do mercúrio.

Os metais puros (como o ouro) são raramente encontrados na superfície terrestre, pois eles reagem facilmente com outros elementos químicos, formando outros compostos.

Figura 15.2 – Os metais possibilitam a construção de estruturas de grande porte.

Fonte: Pixabay

15.1.1 MINÉRIO E JAZIDA

Quando um mineral apresenta certa quantidade de metal no meio de impurezas, ele recebe o nome de **minério**. O lugar onde os minérios são encontrados em abundância é chamado de jazida. O Brasil, por exemplo, apresenta enormes jazidas de minério de ferro.

15.1.2 LIGAS METÁLICAS

Entre os vários materiais chamados de metais, a maioria, na realidade, é uma liga metálica. Uma liga consiste na união de dois ou mais elementos químicos na qual pelo menos um deles é metal. O aço é um exemplo de liga metálica, sendo composto de ferro e carbono. O bronze é outro exemplo, sendo constituído de cobre e estanho.

Figura 15.3 – O homem pode formar várias ligas metálicas combinando elementos químicos diferentes.

Fonte: Canstock

15.1.3 CLASSIFICAÇÃO

Os materiais metálicos podem ser classificados em ferrosos e não ferrosos. Os materiais ferrosos apresentam o ferro como um dos componentes da liga metálica, como o ferro fundido e o aço. Os materiais não ferrosos também são muito empregados, como o alumínio, o cobre, o zinco, o chumbo, o titânio, entre outros.

15.2 FERRO

O processo de beneficiamento do ferro não é muito simples. Por esse motivo, demorou mais tempo para que a humanidade dominasse esse conhecimento, o que aconteceu por volta de 3000 a.C. Ao longo da história, as ligas ferrosas foram sendo desenvolvidas.

Figura 15.4 – Quando o ferro é exposto ao ar, ele oxida (enferruja).

Fonte: Vieira/Wikimedia

O ferro não é achado puro na natureza, ele é encontrado na forma de minérios.

15.2.1 MINÉRIO DE FERRO

O minério de ferro (óxido de ferro) é encontrado na forma de rochas, misturado a outros elementos, ou seja, com impurezas.

O beneficiamento de minério de ferro (sinterização e pelotização) é feito para torná-lo apto para ser usado no alto-forno das indústrias siderúrgicas.

15.2.2 FERRO FORJADO

O mais antigo predecessor do aço foi o ferro forjado. O ferro forjado é praticamente puro, possuindo uma mínima quantidade de carbono, não maior que 0,15%.

Antigamente, ele era formado aquecendo o minério de ferro até ficar incandescente, ou seja, até ficar vermelho; e então era martelado, sob uma bigorna, até atingir a forma desejada. O ferro forjado era muito empregado para confeccionar espadas e armaduras. O metal não chegava a ser fundido, pois na época não era possível alcançar a temperatura de fusão do ferro.

Hoje em dia, o processo de forjamento é feito de maneira industrial por meio de impacto e prensagem. Na construção civil, o ferro forjado é pouco empregado atualmente.

Figura 15.5 – Forjamento do ferro utilizando martelo e bigorna.

Fonte: Canstock

15.2.3 FERRO-GUSA

Com o avanço da tecnologia, os homens conseguiram elevar a temperatura do minério do ferro até que ele pudesse ser fundido, a cerca de 1.500 °C. Isso foi conseguido com a invenção do alto-forno.

Depois que o minério de ferro é beneficiado, ele vai para o alto-forno (etapa de redução) para ser transformado em ferro-gusa. Nesse processo, são utilizados o carvão mineral e o calcário. O carvão, na forma de coque, é o combustível utilizado. Já o calcário é empregado como fundente, auxiliando a separação do ferro-gusa fundido da escória (impureza). A escória de alto-forno é vendida como agregado e também para fábricas de cimento Portland.

Detalhes da fase de redução serão vistos no tópico de fabricação do aço.

Figura 15.6 – O ferro-gusa é uma liga de ferro com alto teor de carbono (cerca de 5%). É um material não soldável, quebradiço e duro.

Fonte: Canstock

O ferro-gusa é empregado na fabricação do ferro fundido e do aço.

15.2.4 FERRO FUNDIDO

O ferro fundido é obtido a partir da fundição do ferro-gusa e da extração de parte de seu carbono. Ele contém cerca de 2,1% a 4,5% de carbono e 1% a 3% de silício em sua composição, diferente do aço, que apresenta no máximo 2% de carbono.

Antes do advento do aço, o ferro fundido era o metal mais usado na construção de ferrovias, pontes e prédios. Ele tem uma alta resistência a cargas e à corrosão e pode ser moldado em diferentes formas. No entanto, em função da grande quantidade de carbono em sua composição, o ferro fundido é duro e frágil, ou seja, é quebradiço. Além disso, ele não é tão maleável quanto o aço.

O ferro fundido pode ser encontrado em três tipos: cinzento, branco e nodular, sendo o cinza o mais comum.

Embora o uso de aço seja predominante, o ferro fundido é empregado até os dias atuais na construção, principalmente em tubos hidráulicos, visto que apresenta alta resistência à corrosão.

Figura 15.7 – A Iron Bridge, na Inglaterra, foi a primeira ponte construída com ferro fundido (século XVIII).

Fonte: Smith/Wikimedia

15.3 AÇO

O aço é um material extraordinário, sendo aplicado em quase todos os setores. Na engenharia, esse material revolucionário possibilita feitos extraordinários. A ponte do Brooklyn, que liga a ilha de Manhattan à ilha do Brooklyn, na cidade de Nova York, é um exemplo disso. Com uma extensão de 1,8 km, a ponte do Brooklyn foi a primeira ponte de aço suspensa do mundo (plataforma sustentada por cabos de aços).

Figura 15.8 – Ponte do Brooklyn, em Nova York.

Fonte: Canstock

Na construção civil, o aço é empregado em uma infinidade de produtos, como aço para concreto armado, perfis metálicos, escoras metálicas, torneiras, grades etc. Aqui, daremos ênfase aos dois primeiros exemplos citados.

15.3.1 FABRICAÇÃO DO AÇO

Antes da década de 1850, o aço era muito caro, produzido apenas em pequenas quantidades. Com a introdução do processo de Bessemer e o avanço da tecnologia no século XIX, o aço se tornou viável economicamente, dando início à produção em larga escala.

O aço é um liga de ferro e carbono. A porcentagem de carbono é bem pequena, até 2%. Outros elementos químicos também podem ser adicionados, de modo a obter propriedades adequadas ao uso específico do aço.

Existem basicamente dois tipos de usinas siderúrgicas: integradas e semi-integradas.

As **integradas** reúnem três etapas básicas do processo siderúrgico: redução, refino e conformação mecânica (laminação e trefilação). Já as **semi-integradas** não apresentam a primeira etapa.

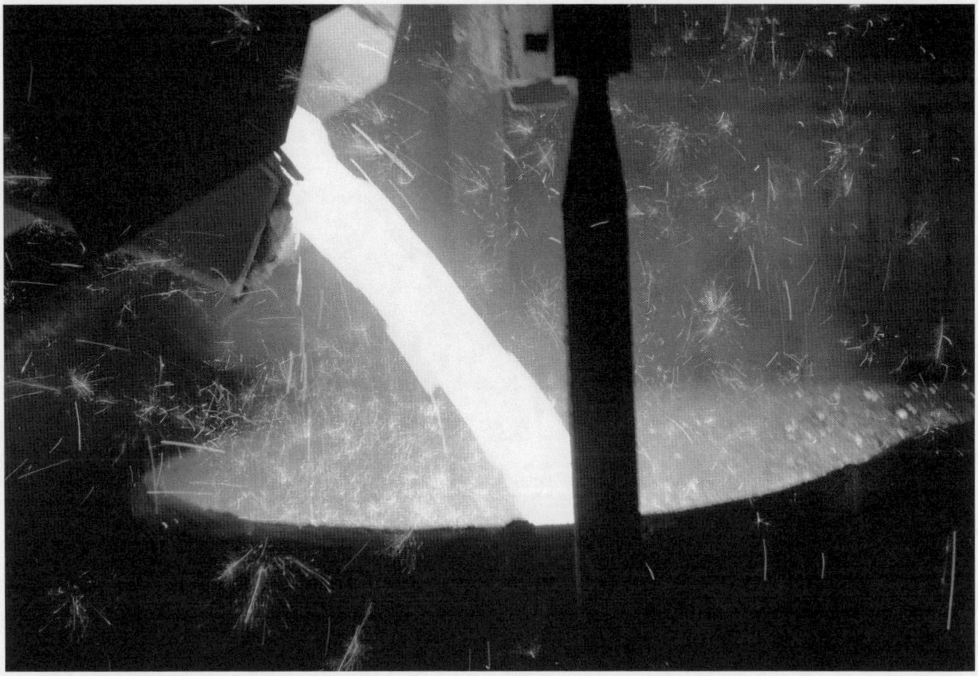

Figura 15.9 – Processo de fabricação do aço.

Fonte: Canstock

15.3.1.1 Fase de redução

A fase de redução compreende a transformação do minério de ferro, no alto-forno, em ferro-gusa, conforme mencionado brevemente no tópico sobre ferro-gusa. A seguir, veremos outros detalhes do processo.

Antes de ir para o alto-forno, as matérias-primas do aço – minério de ferro e carvão – precisam ser tratadas ou beneficiadas. O minério de ferro é beneficiado na forma de sínter ou pelotas que apresentam propriedades físicas e químicas apropriadas para o uso no alto-forno. Já o carvão mineral é aquecido a altas temperaturas, sem a presença de oxigênio, para ser transformado no coque. O coque, em razão de seu alto teor de carbono, é o combustível básico empregado para a fusão ("derretimento") do minério de ferro.

Após o beneficiamento, o minério de ferro (sob forma granular) e o coque são levados para o interior do alto-forno. O carbono do coque funciona como combustível, sendo queimado com auxílio do oxigênio soprado, gerando uma grande quantidade de calor suficiente para tornar o metal líquido.

Também são adicionados fundentes, como o calcário, para auxiliar na captura de impurezas do minério de ferro na forma de escórias. O resultado, após a passagem pelo forno, é o ferro-gusa na forma líquida.

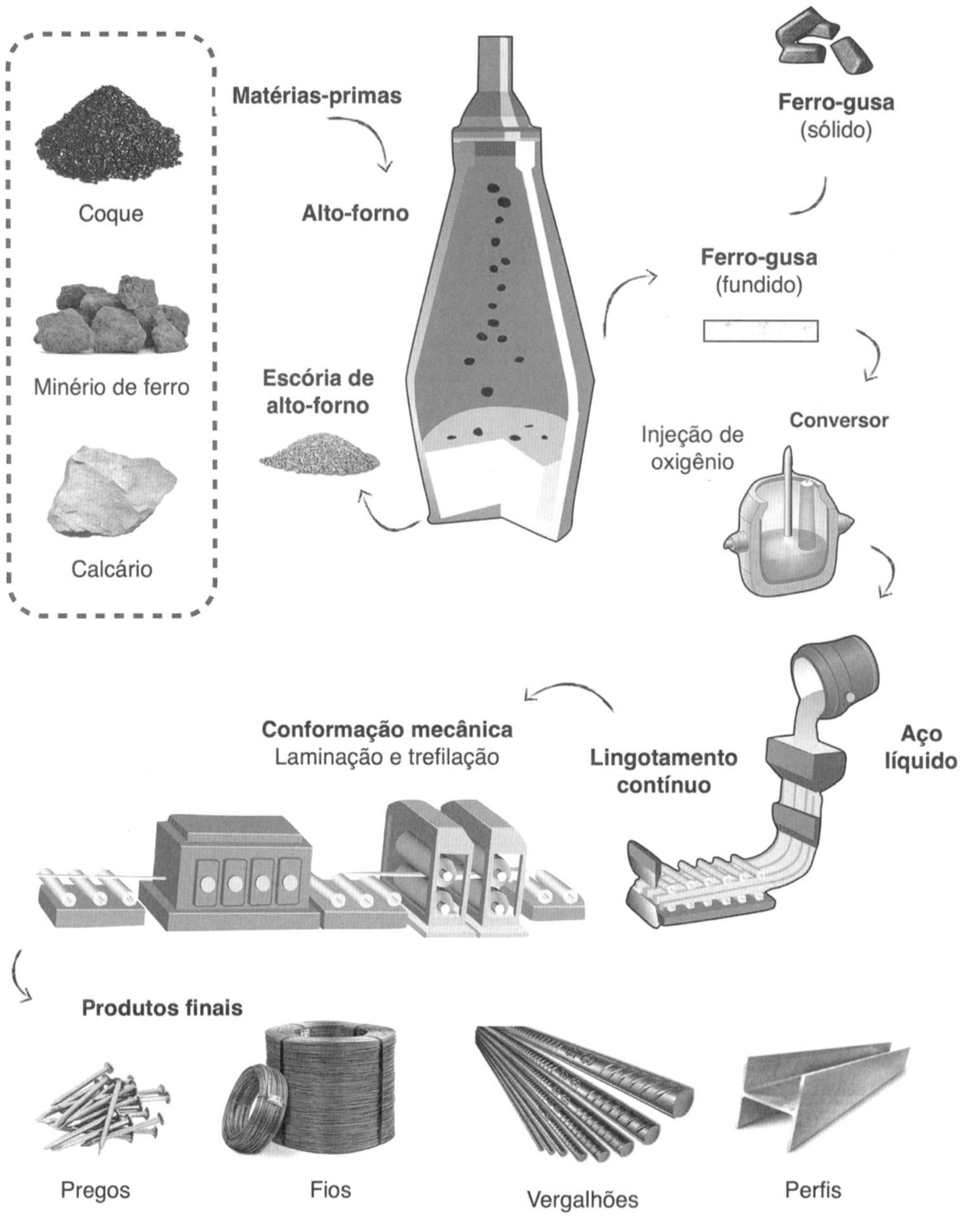

Figura 15.10 – Produção do aço – usinas integradas.

15.3.1.2 Fase de refino

A fase de refino compreende a retirada do excesso de impurezas e carbono, de modo a obter o aço. Essa etapa pode ser feita a partir do ferro-gusa líquido ou por meio do ferro-gusa solidificado e sucatas.

Nas usinas integradas, todas as etapas se localizam no mesmo complexo siderúrgico. Assim, o ferro-gusa ainda no estado líquido pode ser transportado com o auxílio de carros-tanques até o conversor. Já nas usinas semi-integradas, como não realizam a fase de redução, a matéria-prima do aço é obtida por meio de uma proporção de ferro-gusa sólido e sucata de aço. Essa matéria-prima é fundida em fornos elétricos.

Para o refino da matéria fundida, independentemente do tipo de usina, é necessária a injeção de oxigênio. O oxigênio possibilita o aumento da temperatura para cerca de 1.700 °C. Nesse processo, o teor de carbono é reduzido, de modo a produzir o aço.

15.3.1.3 Conformação mecânica

Após o refino, o aço líquido é conduzido ao processo de lingotamento contínuo, no qual passa por moldes de resfriamento, solidificando-se na forma de tarugos que serão cortados em dimensões adequadas para a etapa de conformação mecânica (laminação e trefilação).

15.3.2 ESTRUTURA DE AÇO

No setor da construção, os perfis de aço podem ser empregados para a confecção de estruturas metálicas. Esse método construtivo ainda é pouco intenso no Brasil.

Figura 15.11 – Estrutura de aço.

Fonte: Canstock

As vantagens das estruturas metálicas, em comparação às estruturas de concreto armado, são: maior agilidade na execução dos serviços, vãos maiores, maior resistência, menor sobrecarga sobre a fundação, entre outras. Por outro lado, o sistema também apresenta desvantagens, como exigência de mão de obra mais especializada, maior custo (em geral), necessidade de tratamento contra corrosão e menor flexibilidade na execução de formas diferenciadas.

15.3.3 AÇO PARA CONCRETO ARMADO (CA)

A escolha do sistema construtivo deve envolver uma análise de custo-benefício. Em alguns casos, o melhor será o aço e, em outros, o concreto armado.

O concreto resiste bem à compressão e pouco à tração. Desse modo, o concreto simples não é aplicado em estruturas. Em virtude disso, são incorporadas barras de aço, também chamadas de vergalhões, formando o concreto armado.

A armadura é popularmente chamada nas obras de ferragem, embora o termo não seja o mais adequado, pois o material empregado não é o ferro, mas, sim, o aço.

Figura 15.12 – Preparação das armaduras para concretagem.

Fonte: Canstock

O aço e o concreto combinam muito bem e são complementares. Os dois apresentam coeficientes de dilatação térmica muito próximos. Assim, em dias quentes, eles se expandem similarmente e, em dias frios, se contraem do mesmo modo. Além disso, o concreto, quando bem executado, protege o aço contra o intemperismo, minimizando a ocorrência de oxidação no aço.

15.3.3.1 Ensaio de tração

Conforme mencionado no Capítulo 2, o aço é um material dúctil, ou seja, se deforma muito no momento da ruptura. Para sabermos exatamente o quanto cada tipo de aço suporta de carga e quanto se deforma, fazemos o ensaio de tração.

O ensaio consiste em tracionar uma barra (corpo de prova) até o momento de sua ruptura.

Analisando a barra da Figura 15.13, é possível perceber que, ao tracionar o aço, a barra é alongada longitudinalmente, porém diminui de seção no centro.

Além do ensaio de tração, podem ser feitos outros ensaios, como o ensaio de dobramento.

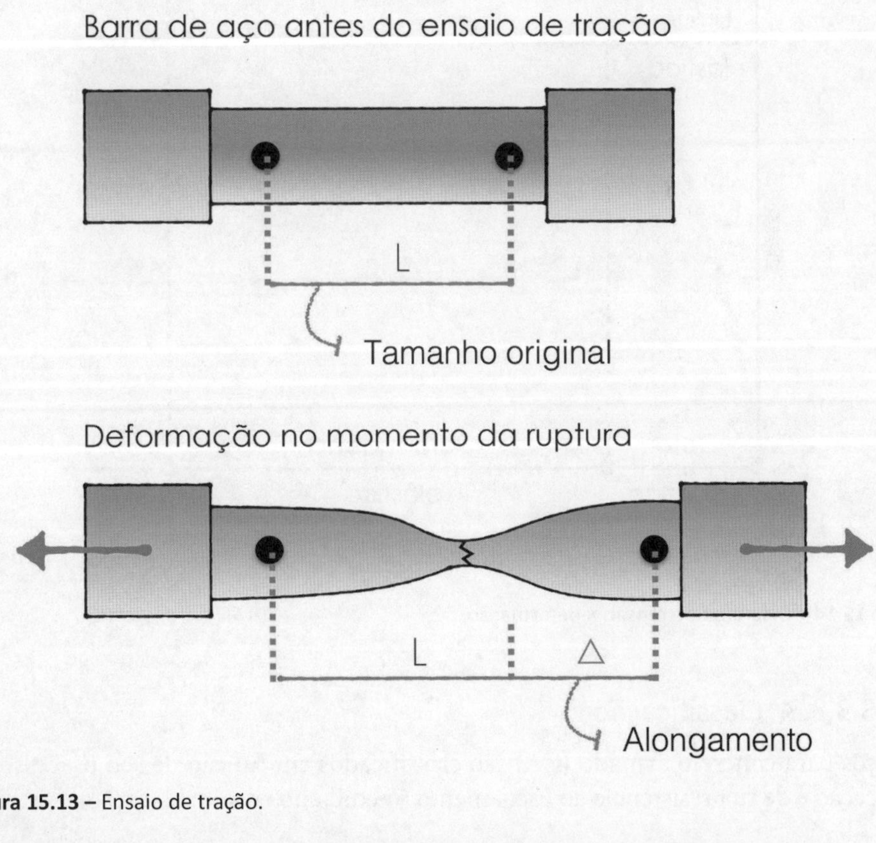

Figura 15.13 – Ensaio de tração.

15.3.3.2 Tensão deformação

O ensaio de tração permite que seja traçado o diagrama de tensão deformação, com a obtenção de parâmetros importantes, como o limite de escoamento.

O limite de escoamento, também chamado de limite elástico, é a tensão máxima que o material suporta ainda no regime elástico de deformação. Após esse valor, começa a sofrer deformações plásticas (permanentes). Logo após o limite elástico, alguns aços se alongam de maneira muito rápida, sem que seja alterada a tensão aplicada (zona de fluência).

No gráfico da Figura 15.14, podemos ver que a tensão máxima ocorre antes da ruptura do material.

Em função do limite de escoamento, o aço pode ser classificado em várias classes, conforme será apresentado no próximo tópico.

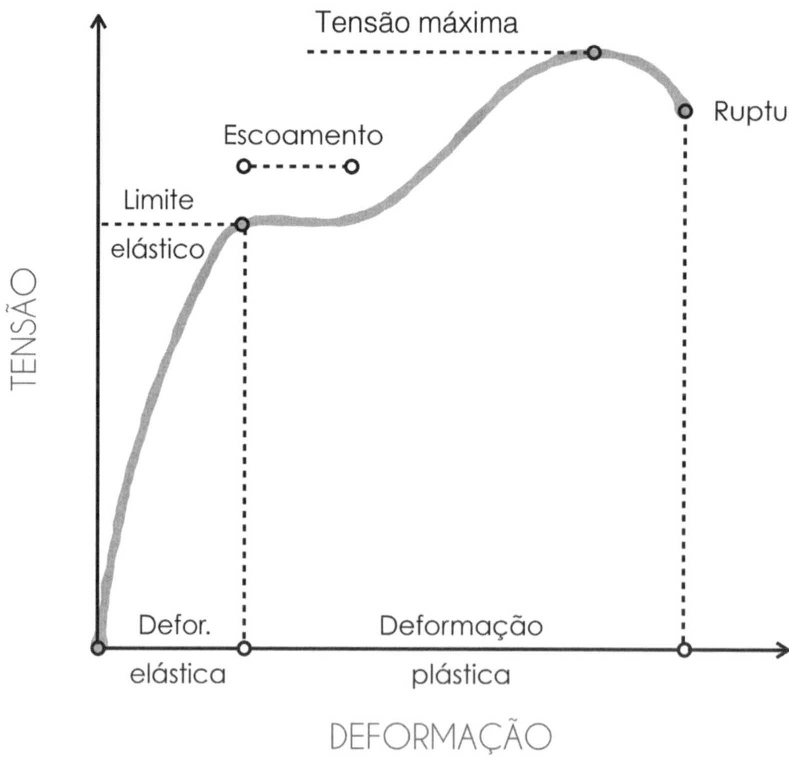

Figura 15.14 – Diagrama de tensão × deformação.

15.3.3.3 Classificação

Os aços para concreto armado (CA) são classificados em função de seu processo de fabricação e de sua resistência ao escoamento (medida no ensaio de tração).

As barras de aço são classificadas nas categorias CA-25 (250 Mpa) e CA-50 (500 Mpa), enquanto os fios de aço são agrupados na categoria CA-60 (600 Mpa).

- **Barras**: são os produtos de diâmetro nominal igual ou superior a 6,3 mm, obtidos exclusivamente por laminação a quente.
- **Fios**: são os produtos cujo diâmetro nominal é igual ou inferior a 10 mm, obtidos por meio de trefilação ou laminação a frio. É importante lembrar que todo CA-60 é denominado de fio.

15.3.3.4 Nervuras

O emprego de nervuras transversas oblíquas nas barras aumenta a aderência do concreto ao aço.

A **aderência** é a propriedade que impede que ocorra o escorregamento da barra de aço em relação ao concreto que a envolve, possibilitando que os dois materiais trabalhem em conjunto, ou seja, dilatem e contraiam de modo similar.

A transferência de esforços entre o concreto e o aço só é possível em razão da aderência entre eles.

As barras de CA-50 são obrigatoriamente providas de nervuras transversais. Enquanto as barras de CA-25 são necessariamente lisas. Já os fios de CA-60 podem ser lisos, entalhados ou nervurados.

Figura 15.15 – Detalhe das nervuras na barra de aço.

Fonte: Canstock

15.3.3.5 Inspeção

As barras e os fios de aço destinados a armaduras de concreto armado devem ser isentos de defeitos prejudiciais, como: esfoliação, corrosão, redução de seção e manchas de óleo.

No entanto, segundo a norma ABNT NBR 14931/2004: "as armaduras levemente oxidadas por exposição ao tempo em ambientes de agressividade fraca a moderada, por períodos de até três meses, sem produtos destacáveis e sem redução de seção, podem ser empregadas".

Figura 15.16 – A oxidação pode ser admitida apenas se for superficial, conforme mostrado na foto.

15.3.3.6 Fornecimento

As barras e fios retos de aço devem ser fornecidas no comprimento de 12 m, salvo outro tamanho acordado entre o fornecedor e o consumidor. A compra do aço pode ser feita em massa ("peso") ou por peça. Os aços podem ser comprados em massa. Para isso, é importante que se conheça a massa por metro linear de aço. Veja na Tabela 15.1 o peso linear de algumas barras.

Tabela 15.1 – Peso linear de barras (CA 50)

Peso linear das barras	
Diâmetro nominal (mm)	**Massa nominal (kg/m)**
6,3	0,245
8	0,395
10	0,617
12,5	0,963
16	1,578
20	2,466
22	2,984
25	3,853
32	6,313

Fonte: adaptada de Acelor Mittal (2014)

15.4 METAIS NÃO FERROSOS

Neste tópico, apresentaremos de maneira sucinta alguns metais não ferrosos.

15.4.1 COBRE

O cobre é um material fácil de soldar e muito maleável, sendo provavelmente o primeiro metal trabalhado pelo homem. O cobre, além de ser resistente à corrosão, conduz bem o calor e a eletricidade. Por causa dessas características, é muito aplicado em tubulações de água quente, instalações de ar-condicionado e na confecção de fios elétricos.

O cobre pode ser combinado com outros materiais para a formação de ligas metálicas, como o latão e o bronze. O bronze (liga de estanho com cobre) é tão importante que uma época da história foi marcada com o seu nome.

Figura 15.17 – O cobre é um ótimo condutor de eletricidade.

Fonte: Canstock

15.4.2 ALUMÍNIO

O alumínio, assim como o aço, está presente em quase todos os setores da indústria, desde a fabricação de latinhas de refrigerante até a produção dos mais modernos aviões. Na construção civil, o alumínio é utilizado em esquadrias, telhas e estruturas metálicas.

O alumínio apresenta várias vantagens, como alta durabilidade, resistência à corrosão, versatilidade de formatos, entre outras.

As estruturas metálicas de alumínio são mais leves do que as estruturas usuais de aço, concreto e madeira. Sua massa específica é cerca de 3 vezes menor do que a do aço.

O alumínio é um material 100% reciclável, contribuindo para a sustentabilidade do ambiente.

Além disso, oxida mais rapidamente que o ferro. No entanto, o produto da oxidação é impermeável e aderente. A película formada pelo óxido de alumínio protege o interior do metal de oxidações posteriores, dificultando a ocorrência do processo de corrosão.

A principal desvantagem do emprego de alumínio é a sua menor resistência quando comparado ao aço. Assim, o alumínio não pode ser utilizado em estruturas metálicas que suportam grandes cargas.

Outra desvantagem do alumínio é o baixo grau de isolamento térmico. As esquadrias de PVC apresentam um melhor isolamento contra a ação do calor.

Figura 15.18 – O alumínio é um metal leve e resistente à corrosão.

Fonte: Canstock

EXERCÍCIOS DE FIXAÇÃO

A melhor maneira de saber se você aprendeu é **testando sua memória**. Assim, sugiro que você faça os exercícios de fixação **sem consultar a teoria**. Após terminar, revise os pontos que você errou ou não lembrava.

15.1 Julgue as seguintes afirmativas em verdadeiro (V) ou falso (F):

1. ( ) Quando um mineral apresenta certa quantidade de metal no meio de impurezas, ele recebe o nome de jazida.
2. ( ) A maioria dos metais é encontrada pura na natureza.
3. ( ) Uma liga metálica é uma união de mais de um elemento químico, sendo pelo menos um deles um metal.
4. ( ) O aço é uma liga metálica composta de ferro, cobre e carbono.
5. ( ) O ferro não é achado puro na natureza, ele é encontrado na forma de minério.
6. ( ) O mais antigo predecessor do aço foi o ferro fundido.
7. ( ) Na construção civil, o ferro forjado é pouco empregado atualmente.

8. ( ) O ferro forjado tem um teor de carbono menor do que o ferro fundido.
9. ( ) A cal, na forma de coque, é o combustível utilizado na etapa de redução.
10. ( ) O ferro fundido apresenta maior teor de carbono do que o aço.
11. ( ) O ferro fundido não é mais empregado atualmente.
12. ( ) Para o refino da matéria fundida, é necessária a injeção de oxigênio apenas para as usinas semi-integradas.
13. ( ) O aço e o concreto apresentam coeficientes de dilatação muito diferentes.
14. ( ) As barras de CA-50 são obrigatoriamente providas de nervuras transversais.
15. ( ) As armaduras levemente oxidadas por exposição ao tempo em ambientes de agressividade fraca a moderada, por períodos de até três meses, sem produtos destacáveis e sem redução de seção, podem ser empregadas.
16. ( ) As barras de aço podem ser comercializadas em massa, desde que não sejam de CA-50.
17. ( ) As estruturas metálicas de alumínio são mais leves dos que as estruturas usuais de aço, concreto e madeira.
18. ( ) O alumínio oxida mais rapidamente que o ferro.

15.2 Complete as frases a seguir:

1. Os materiais metálicos podem ser classificados em ________ e ________.

2. O ________ é uma liga de ferro com alto teor de carbono (cerca de 5%), sendo empregado na fabricação do aço.

3. Depois que o minério de ferro é beneficiado, ele vai para o alto-forno, etapa de ________, para ser transformado em ferro-gusa.

4. Existem basicamente dois tipos de usinas siderúrgicas: ________ e ________.

5. A fase de ________ compreende a retirada do excesso de impurezas e carbono, de modo a obter o aço.

6. A armadura é popularmente chamada nas obras de ________. Embora o termo não seja o mais adequado.

7. O aço é um material ________, ou seja, se deforma muito no momento da ruptura.

8. O ________ é uma liga de estanho com cobre.

CAPÍTULO 16
Vidros

Figura 16.1 – Vidros em fachada de prédio.

Fonte: Canstock

O vidro é um material largamente empregado no setor da construção civil, sendo utilizado em portas, janelas, divisórias, sacadas, guarda-corpos, fachadas e coberturas.

Neste capítulo, vamos comentar um pouco sobre esse material fantástico. Aprenderemos como ele é fabricado e quais são as propriedades dos diferentes tipos de vidros empregados em edificações.

16.1 INTRODUÇÃO

Atualmente, o vidro é um dos materiais mais aplicados pelo homem, seu uso vai desde copos, garrafas até vidros à prova de balas. Na construção civil, o vidro confere modernidade e beleza às edificações.

Figura 16.2 – Os vidros conferem modernidade às edificações.

Fonte: Pixabay

O vidro é um exemplo de material amorfo, ou seja, não é configurado como sólido, nem líquido, nem gasoso. Embora mantenha uma rigidez parecida com os sólidos, suas moléculas são arranjadas de maneira desordenada, de modo semelhante aos líquidos. Essa estrutura amorfa é o que dá ao vidro a transparência.

16.2 COMPOSIÇÃO

O principal componente da fabricação do vidro é a sílica presente na areia. A **sílica**, quando aquecida em alta temperatura, se derrete (funde), formando um material viscoso que é a base do vidro.

No entanto, outros ingredientes devem ser adicionados, como o carbonato de sódio, a cal e os pigmentos metálicos. O carbonato de sódio é um aditivo que minimiza o ponto de fusão da mistura e reduz a viscosidade, facilitando o processo e reduzindo o custo energético. A cal estabiliza a mistura e aumenta a sua durabilidade. E os pigmentos metálicos proporcionam coloração ao material.

Figura 16.3 – A base do vidro é a areia (sílica).

Fonte: Pixabay

16.3 FABRICAÇÃO DO VIDRO COMUM

Embora as matérias-primas se mantenham praticamente inalteradas, o processo de fabricação do vidro evoluiu muito ao longo do tempo.

Na indústria, as matérias-primas granuladas são misturadas conforme a dosagem definida previamente. Em seguida, são colocadas em um forno, onde são fundidas. O material fundido é despejado de maneira contínua sobre um tanque de estanho líquido. O vidro flutua sobre o berço de estanho em virtude da diferença de densidade.

A espessura da camada é controlada pela velocidade com que a folha de vidro é deslocada. À medida que avança, o vidro se solidifica. Após o resfriamento, o vidro passa por superfícies polidas e paralelas.

16.4 RADIAÇÃO SOLAR

Quando a radiação solar atinge a superfície do vidro, parte passa pelo vidro, parte reflete e outra parte é absorvida pelo material.

Além da radiação transmitida diretamente, parte da energia absorvida pelo vidro se retransmite para o cômodo, gerando calor, enquanto outra parte é devolvida para o exterior.

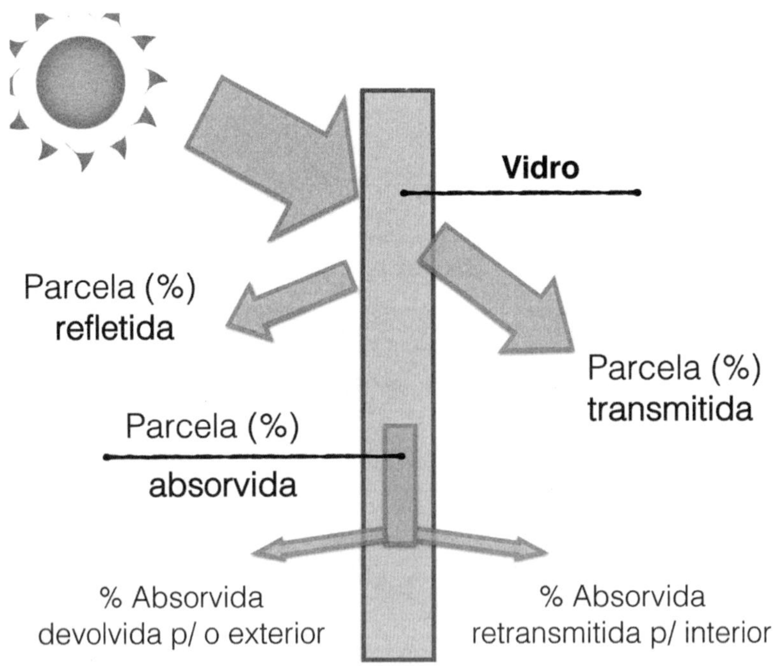

Figura 16.4 – Atuação da radiação solar no vidro.

Exemplo hipotético: dos 100% de radiação solar que atinge o vidro, considere que um determinado vidro refletiu 10%, transmitiu diretamente 85% e absorveu 5%.

16.5 TIPOS DE VIDRO

16.5.1 VIDRO COMUM

O vidro comum (*float*), como o próprio nome diz, não recebe nenhum tipo de tratamento especial. É um material duro, porém muito frágil, ou seja, resiste pouco ao choque. É o vidro mais utilizado no setor da construção civil. Pode ser empregado nas mais diversas aplicações.

O vidro comum também é utilizado como matéria-prima na produção dos demais tipos de vidro, conforme será visto a seguir.

16.5.2 VIDRO TEMPERADO

Têmpera é um tratamento térmico que aumenta bastante a resistência do vidro à flexão e ao choque. Nesse processo, o vidro comum é aquecido e, então, resfriado de maneira rápida em toda a superfície da chapa.

A melhoria do desempenho mecânico se dá pela geração de tensões internas. A parte exterior do vidro fica sujeita à tensão de compressão, enquanto o seu miolo fica submetido à tração.

A têmpera não afeta outras propriedades funcionais do vidro, como transparência, coloração e absorção de calor. No entanto, por conta de uma pequena alteração de curvatura, o vidro temperado pode apresentar certa distorção, perceptível sob determinadas condições de iluminação.

Após o tratamento, a chapa de vidro não deve ser cortada nem furada, pois esses processos podem aliviar as tensões internas, fazendo com que o vidro se despedace de maneira abrupta. Qualquer dano desse tipo pode provocar estilhaçamento da peça.

16.5.3 VIDRO COLORIDO

O vidro pode ser colorido com a adição de pigmentos metálicos durante a fabricação. As cores mais comuns são cinza e verde-azulado. O vidro colorido absorve mais calor do que o comum, reduzindo a transmissão direta de calor sobre o cômodo.

16.5.4 VIDRO REFLETIVO

O vidro refletivo, chamado popularmente de espelhado, é produzido com a adição de uma camada de revestimento metálico em uma das faces. O revestimento é extremamente fino, suficiente para permitir a passagem de luz para o interior, porém o grau de visibilidade fica ligeiramente reduzido.

Durante o dia, o vidro refletivo funciona como um espelho para o lado exterior, escondendo o que ocorre no interior da edificação. À noite, quando o ambiente interior é iluminado, o vidro se torna transparente para o público externo.

O vidro refletivo apresenta uma série de vantagens. Pode reduzir significativamente a passagem de calor por radiação para o ambiente interno, melhorando o conforto térmico e minimizando o consumo de energia elétrica pelos sistemas de ar-condicionado e iluminação artificial.

Além disso, o aspecto refletivo acrescenta beleza à superfície, sendo muito empregado em fachadas de edifícios residenciais e comerciais. Como exemplo, veja a fachada da Procuradoria Geral da República (PGR) em Brasília, no Distrito Federal.

Figura 16.5 – Fachada da Procuradoria Geral da República (PGR), em Brasília – DF.

O revestimento refletivo pode ser aplicado na face interior ou exterior do vidro. A aplicação na face exterior é mais eficiente, pois reduz o calor que é absorvido.

O vidro refletivo apresenta algumas desvantagens: reduz a visibilidade interna, reflete radiação solar sobre os ambientes vizinhos e pode ofuscar a vista de motorista e pedestres que passam pelos arredores da construção.

Para ilustrar alguns problemas que podem ocorrer, vamos comentar sobre um arranha-céu de 37 andares, construído em Londres, que recentemente ficou famoso por ter provocado a queima parcial de um carro de luxo estacionado na sua vizinhança.

Para conceder um ar grandioso ao prédio, a fachada superior do edifício 20 Fenchurch Street (apelidado de *Walkie Talkie*) foi concebida de forma curva. No entanto, um detalhe mal pensado do projeto causou sérios danos. Os vidros espelhados em formato curvo, em determinado horário do dia, passaram a refletir a luz do sol de forma concentrada sobre as ruas adjacentes.

Além de ofuscar a vista, o prédio começou a provocar o derretimento do asfalto, produtos expostos nas vitrines e até partes de automóveis estacionados. O assunto virou notícia mundial depois que um Jaguar apareceu parcialmente derretido e deformado.

Um jornalista inglês provou que a alta temperatura gerada pelo edifício permitia até fritar um ovo em plena calçada.

16.5.5 VIDRO LAMINADO

O vidro laminado consiste, basicamente, em duas camadas de vidro interligadas, sob calor e pressão, por uma camada de plástico. Qualquer tipo de vidro (comum, colorido, temperado etc.) pode ser empregado para produzir o vidro laminado.

No caso de um impacto, a superfície de vidro pode quebrar, porém tende a não se separar do filme plástico, reduzindo o perigo de cortes com os resíduos de vidro.

A laminação também melhora o isolamento acústico do vidro. Isso se dá em função da espessura da camada intermediária.

Outra vantagem desse tipo de vidro é que o plástico bloqueia boa parte da radiação ultravioleta.

O vidro laminado é empregado na construção civil em diversos produtos, como portas, janelas, divisórias, sacadas, guarda-corpos, fachadas e coberturas.

16.5.6 VIDRO INSULADO

O vidro insulado, também denominado de duplo, consiste em duas placas de vidro com um espaço entre elas. O espaço entre os vidros é ocupado por ar ou outro gás seco. Isso funciona como um isolante térmico e acústico.

Uma grande vantagem é que a formação do vidro insulado (duplo) pode se dar a partir de qualquer tipo de vidro. Assim, é possível combinar vidros de propriedades distintas, como a resistência dos temperados com a habilidade de reflexão dos espelhados. Em função dessa versatilidade, os vidros insulados podem ser aplicados em uma larga variedade de situações.

16.5.7 VIDRO RESISTENTE AO FOGO

Os vidros usuais não são resistentes ao fogo. No entanto, é possível fabricar vidros especiais que atendam esse tipo de segurança. Para esse fim, existem dois tipos básicos: o antichamas e o corta-fogo.

O vidro antichamas tem a função de bloquear o fogo. Atuando como barreira física, ele impede que as chamas e os gases se alastrem de um ambiente ao outro. Já o corta-fogo, além de bloquear as chamas e os gases, também permite uma "vedação" térmica, ou seja, evita a passagem excessiva do calor por um determinado período (ABRAVIDRO, 2000).

EXERCÍCIOS DE FIXAÇÃO

A melhor maneira de saber se você aprendeu é **testando sua memória**. Assim, sugiro que você faça os exercícios de fixação **sem consultar a teoria**. Após terminar, revise os pontos que você errou ou não lembrava.

16.1 Julgue as seguintes afirmativas em verdadeiro (V) ou falso (F):

1. ( ) A totalidade da radiação solar que atinge a superfície do vidro sempre passa pelo material pelo fato de ser transparente.
2. ( ) O vidro comum é a matéria-prima dos demais tipos de vidro.
3. ( ) A têmpera não afeta outras propriedades funcionais do vidro, como transparência, coloração e absorção de calor.
4. ( ) O vidro refletivo sempre apresenta processo de têmpera para aumentar a sua resistência.
5. ( ) O vidro temperado apresenta uma camada interna de película de plástico para unir duas chapas de vidro.
6. ( ) O vidro duplo, também chamado de laminado, pode apresentar ar entre duas camadas de vidro.
7. ( ) O vidro refletivo aumenta o calor no interior da edificação.
8. ( ) Qualquer tipo de vidro (comum, colorido, temperado etc.) pode ser empregado para produzir o vidro laminado.
9. ( ) Os vidros usuais não são resistentes ao fogo.

16.2 Complete as frases a seguir:

1. O vidro é um exemplo de material ________, ou seja, não é configurado como sólido, nem líquido, nem gasoso.

2. Durante a fabricação, o vidro flutua sobre o berço de ________ em virtude da diferença de densidade.

3. ________ é um tratamento térmico que aumenta bastante a resistência do vidro à flexão e ao choque.

Consideração final

"Feliz é a pessoa que acha a sabedoria e que consegue compreender as coisas, pois isso é melhor que a prata e tem mais valor que o ouro."

Provérbios 3:13-14

Fonte: Canstock

Chegamos ao fim desta pequena jornada. Espero que você tenha aprendido bastante e, principalmente, tenha gostado de estudar a respeito dos diversos materiais de construção.

Continue estudando sempre, esse é um bom caminho para o sucesso e a satisfação profissional!

Qualquer dúvida que tiver, fique à vontade para enviar um comentário nos vídeos do YouTube. Terei todo o prazer de responder.

Gabarito

Capítulo 2 – Conceitos básicos

2.1

1. V

2. F

3. F

4. V

2.2

1. dúcteis

2. frágeis

3. elasticidade

4. plasticidade

5. massa; volume

2.3 tração, compressão flexão, torção e cisalhamento

2.4 35,67 MPa

2.5 0,30 (30%)

2.6 Explique que, para conhecer o comportamento do material e verificar se ele atende às exigências normativas e do projeto, é necessário realizar uma série de ensaios.

Capítulo 3 – Agregados

3.1

1. V

2. V

3. F

4. V

5. F

6. F

7. F

8. F

9. F

10. F

11. F

12. F

3.2

1. tamanho; massa específica

2. *filler*; material pulverulento

3. descontínua; uniforme

4. mal; bem

5. 1,7 mm

6. 50%

7. água; massa seca

8. inchamento

3.3. 60%

3.4. 15,38%

Capítulo 4 – Aglomerantes e drywall

4.1

1. V

2. V

3. F

4. F

5. F

6. V

7. F

8. V

9. V

10. V

11. F

12. F

4.2

1. adesivas; coesivas

2. quimicamente inertes; argila; asfalto

3. quimicamente ativos; cal hidráulica; cimento

4. aérea; hidratada; hidráulica

5. extinta; hidratada

6. CH-I; CH-II; CH-III

7. gipsita

8. compressão; tração

9. gesso acartonado; aço galvanizado

10. standart (ST), resistente à umidade (RU) e resistente ao fogo (RF)

Capítulo 5 – Cimento Portland

5.1

1. V

2. F

3. F

4. F

5. V

6. F

7. V

8. F

9. F

10. F

5.2

1. rochas calcárias; argila; minério de ferro

2. clínquer

3. gesso

4. exotérmico

5. acelerada; retardada

6. pega

7. Vicat

8. massa de água; massa de cimento

9. comum - CP I

10. alto-forno - CP III

11. de alta resistência inicial - CP V ARI

Capítulo 6 – Concreto: introdução

6.1

1. V

2. F (por unidade de cimento)

3. F

4. F

5. V

6. V

7. F

8. V

9. F

6.2

1. reação pozolânica

2. água; cimento; agregado miúdo; agregado graúdo

3. 5%; cimento

4. melhorar a trabalhabilidade, aumentar a resistência e minimizar o consumo de cimento

5. estabilizador de hidratação

6. 5% a 20%; cimento

6.3 Cimento = 450 kg/m³; areia = 675 kg/m³; brita = 1.035 kg/m³; água = 225 kg/m³

Capítulo 7 – Concreto: propriedades

7.1

1. F

2. V

3. F

4. V

5. F

6. V

7. F

8. F

9. V

7.2

1. mal formulado; adensamento; água; superior a 2,5

2. o tipo de construção; o método de lançamento; o grau de armadura da peça estrutural

3. abatimento do tronco cone; *slump test*

4. diâmetro; perpendiculares

5. resistência à compressão simples

6. 7 e 28

7. relação água/cimento

8. fck

7.3 26,7 MPa

7.4 43,25 MPa

7.5 1,59 MPa

Capítulo 8 – Concreto: execução

8.1

1. F

2. V

3. V

4. F

5. V

8.2.

1. misturadoras

2. dosadoras

3. bomba estacionária; autobomba; caminhão bomba lança

4. úmida; química; vapor

Capítulo 9 – Concretos especiais

9.1

1. F

2. F

3. F

4. V

5. F

6. V

7. V

8. V

9. V

10. F

9.2

1. translúcido

2. permeável

3. de alta resistência

4. alto desempenho

5. projetado

6. flexível

7. compactado com rolo

8. autoadensável

Capítulo 10 – Madeiras

10.1

1. V

2. V

3. F

4. V

5. F

6. V

7. F

8. F

9. V

10. F

11. V

12. V

13. F

10.2

1. cupins

2. alimento; temperatura adequada; água; oxigênio

3. higroscópico

4. alburno

5. plana; radial

6. anisotrópico

7. saturação

10.3 17,65%

Capítulo 11 – Madeiras transformadas

11.1

1. F

2. F

3. V

4. V

5. F

6. F

7. F

8. V

9. F

11.2

1. CLT

2. MDF

3. MDP

4. OSB tapume; OSB home plus; OSB multiuso

Capítulo 12 – Materiais asfálticos

12.1

1. F
2. V
3. V
4. F
5. F

12.2

1. asfáltico de petróleo
2. betuminoso usinado a quente
3. asfalto diluído
4. emulsão asfáltica

Capítulo 13 – Argamassas

13.1

1. V
2. F
3. V
4. V
5. F
6. F
7. V
8. V

13.2

1. argamassa industrializada
2. chapisco; emboço; reboco
3. reboco
4. desempenadeira dentada
5. mesa de consistência/penetração do tronco cone
6. adesão inicial
7. aderência

Capítulo 14 – Materiais cerâmicos

14.1

1. F
2. F
3. F
4. F
5. V
6. F
7. V
8. F
9. F
10. V

14.2

1. estruturais; de vedação
2. estruturais
3. absorção de água
4. PEI

Capítulo 15 – Metais

15.1

1. F
2. F
3. V
4. F
5. V
6. F
7. V
8. V
9. F
10. V
11. F
12. F

13. F

14. V

15. V

16. F

17. V

18. V

15.2

1. ferrosos; não ferrosos

2. ferro-gusa

3. redução

4. integradas; semi-integradas

5. refino

6. ferragem

7. dúctil

8. bronze

Capítulo 16 – Vidros

16.1

1. F

2. V

3. V

4. F

5. F

6. F

7. F

8. V

9. V

16.2

1. amorfo

2. estanho

3. têmpera

Referências

ABRAHAMSEN, R. Mjøstårnet – 18 storey timber building completed. *Internationales Holzbau-Forum IHF 2018*. Disponível em: https://www.moelven.com/globalassets/moelven-limtre/mjostarnet/mjostarnet---18-storey-timber-building-completed.pdf. Acesso em: 29 ago. 2022.

ABRAVIDRO. Vidro resistente ao fogo. *Revista Vidro Plano*, n. 443, nov. 2000. Disponível em: https://abravidro.org.br/wp-content/uploads/revistas/ovidroplano_443_nov2009.pdf. Acesso em: 5 maio 2020.

ACELOR MITTAL. *Manual de aços longos, Acerlor Mittal 50S*. 2014. Disponível em: https://brasil.arcelormittal.com/produtos-solucoes/construcao-civil/vergalhao-arcelormittal-ca-50-s-soldavel?asCatalogo=pdf. Acesso em: 31 ago. 2022.

ALMEIDA, L. L. *Patologias em revestimento cerâmico de fachada*. Monografia de especialização em Construção de Edifícios. Universidade Federal de Minas Gerais – UFMG. Belo Horizonte, 2012.

ANFACER. *Programa setorial da qualidade de placa cerâmica e porcelanato passa por atualizações com o objetivo de alcançar 95% de conformidade*. Disponível em: https://www.anfacer.org.br/noticias/programa-setorial-da-qualidade-de-placa-ceramica-e-porcelanato-passa-por-atualizacoes-com-o-objetivo-de-alcancar-95-de-conformidade. Acesso em: 29 ago. 2022.

AOKI, J. Fibras de diversos tipos e composições ajudam a reforçar características importantes para o concreto. *Cimento Itambé*, 2010. Disponível em: www.cimentoitambe.com.br/fibras-para-concreto. Acesso em: 10 abr. 2015.

ARAÚJO JR., J. M. *Contribuição ao estudo das propriedades físico-mecânicas das argamassas de revestimento*. Dissertação (Mestrado). Universidade de Brasília – UnB. Brasília, 2004.

ASSOCIAÇÃO BRASILEIRA DE NORMAS TÉCNICAS. *NBR 6118: Projeto de estruturas de concreto – Procedimento.* Rio de Janeiro: ABNT, 2014.

ASSOCIAÇÃO BRASILEIRA DE NORMAS TÉCNICAS. *NBR 7211: Agregados para concreto – Especificação.* Rio de Janeiro: ABNT, 2009.

ASSOCIAÇÃO BRASILEIRA DE NORMAS TÉCNICAS. *NBR 7215: Cimento Portland – Determinação da resistência à compressão de corpos de prova cilíndricos.* Rio de Janeiro: ABNT, 2019.

ASSOCIAÇÃO BRASILEIRA DE NORMAS TÉCNICAS. *NBR 7584: Concreto endurecido – Avaliação da dureza superficial pelo esclerômetro de reflexão – Método de ensaio.* Rio de Janeiro: ABNT, 2012.

ASSOCIAÇÃO BRASILEIRA DE NORMAS TÉCNICAS. *NBR 8802: Concreto endurecido – Determinação da velocidade de propagação de onda ultrassônica.* Rio de Janeiro: ABNT, 2019.

ASSOCIAÇÃO BRASILEIRA DE NORMAS TÉCNICAS. *NBR 11579: Cimento Portland – Determinação do índice de finura por meio da peneira 75 µm – n. 200.* Rio de Janeiro: ABNT, 2012.

ASSOCIAÇÃO BRASILEIRA DE NORMAS TÉCNICAS. *NBR 11582: Cimento Portland – Determinação da expansibilidade de Le Chatelier.* Rio de Janeiro: ABNT, 2016.

ASSOCIAÇÃO BRASILEIRA DE NORMAS TÉCNICAS. *NBR 12655: Concreto de cimento Portland – Preparo, controle, recebimento e aceitação – Procedimento.* Rio de Janeiro: ABNT, 2022.

ASSOCIAÇÃO BRASILEIRA DE NORMAS TÉCNICAS. *NBR 13749: Revestimento de paredes e tetos de argamassas inorgânicas – Especificação.* Rio de Janeiro: ABNT, 2013.

ASSOCIAÇÃO BRASILEIRA DE NORMAS TÉCNICAS. *NBR 14931: Execução de estruturas de concreto – Procedimento.* Rio de Janeiro: ABNT, 2004.

ASSOCIAÇÃO BRASILEIRA DE NORMAS TÉCNICAS. *NBR 15258: Argamassa para revestimento de paredes e tetos – Determinação da resistência potencial de aderência à tração.* Rio de Janeiro: ABNT, 2021.

ASSOCIAÇÃO BRASILEIRA DE NORMAS TÉCNICAS. *NBR 15310: Componentes cerâmicos – Telhas – Terminologia, requisitos e métodos de ensaio.* Rio de Janeiro: ABNT, 2009.

ASSOCIAÇÃO BRASILEIRA DE NORMAS TÉCNICAS. *NBR 15823-1: Concreto autoadensável – Parte 1: Classificação, controle e recebimento no estado fresco.* Rio de Janeiro: ABNT, 2009.

ASSOCIAÇÃO BRASILEIRA DE NORMAS TÉCNICAS. *NBR 15900: Água para amassamento do concreto.* Rio de Janeiro: ABNT, 2009.

ASSOCIAÇÃO BRASILEIRA DE NORMAS TÉCNICAS. *NBR 16606: Cimento Portland – Determinação da pasta de consistência normal.* Rio de Janeiro: ABNT, 2018.

ASSOCIAÇÃO BRASILEIRA DE NORMAS TÉCNICAS. *NBR 16607: Cimento Portland – Determinação dos tempos de pega.* Rio de Janeiro: ABNT, 2018.

ASSOCIAÇÃO BRASILEIRA DE NORMAS TÉCNICAS. *NBR 16607: Cimento Portland – Requisitos.* Rio de Janeiro: ABNT, 2018.

BARROS, L. M. *Concreto de alta resistência a partir de matérias primas amazônicas e vidro reciclado.* Tese (Doutorado). Universidade de São Paulo – USP. São Carlos, 2006.

BAURER, E.; SOUSA, J. G. G.; GUIMARÃES, E. A. Estudo da consistência de argamassas pelo método de penetração estática de cone. *VI Simpósio Brasileiro de Tecnologia de Argamassas.* 2005. Disponível em: https://www.researchgate.net/publication/314389525_estudo_da_consistencia_de_argamassas_pelo_metodo_de_penetracao_estatica_de_cone. Acesso em: 3 set. 2022.

BERNUCCI, L. B. *et al. Pavimentação asfáltica.* Rio de Janeiro: Petrobras, 2006. 504 p.

BOTELHO, M. H. C.; MARCHETTI, O. *Concreto armado, eu te amo*, vol. 1. 6. ed. São Paulo: Blucher, 2010. 507 p.

CARASEK, H. *Aderência de argamassas: a base de cimento Portland a substratos porosos – avaliação dos fatores intervenientes e contribuição ao estudo do mecanismo da ligação.* Tese (Doutorado). 265 p. Universidade de São Paulo – USP. São Paulo, 1996.

CARSODO, F. A. *Método de formulação de argamassas de revestimento baseado em distribuição granulométrica e comportamento reológico.* Tese (Doutorado). Universidade de São Paulo – USP. São Paulo, 2009.

CONAMA. *Resolução 411/2009.* Dispõe sobre procedimentos para inspeção de indústrias consumidoras ou transformadoras de produtos e subprodutos florestais madeireiros de origem nativa, bem como os respectivos padrões de nomenclatura e coeficientes de rendimento volumétricos, inclusive carvão vegetal e resíduos de serraria (2009).

FALCÃO BAUER, L. A. *Materiais de construção*, vol. 1. Rio de Janeiro: Editora LTC, 2005.

FIGUEIREDO, A. D.; HELENE, P. R. L. *Concreto projetado: o controle do processo de projeção.* São Paulo: EPUSP, 1993.

FOURMENTIN, M. *et al.* Porous structure and mechanical strength of cement-lime pastes during setting. *Cement and Concrete Research*, v. 77, pp. 1-8, nov. 2015.

GONÇALVES, S. R. C. *Variabilidade e fatores de dispersão da resistência de aderência nos revestimentos em argamassa – estudo de caso.* Dissertação (Mestrado). Universidade de Brasília – UnB. Brasília, 2004.

GUINNESS WORLD RECORDS. Tallest wooden building. Disponível em: https://guinnessworldrecords.com/world-records/79569-tallest-wooden-building/. Acesso em: 3 maio 2020.

HERVÉ NETO, E. Como as novas tecnologias do concreto transformam o impacto das exigências normativas em benefícios técnico-econômicos para as estruturas de concreto. *Revista Concreto e Construções*, n. 49, mar. 2008.

HOADLEY, R. B. *Understanding wood: a Craftsman's guide to wood technology*. Taunton Press, Newtown, 2000.

IBA. *Relatório da Indústria Brasileira de Árvores 2019*. Disponível em: https://www.iba.org/datafiles/publicacoes/relatorios/ibarelatorioanual2019.pdf. Acesso em: 2 maio 2020.

JULIANI, L. M. *Avaliação das propriedades mecânicas de lajes alveolares pré-fabricadas utilizando ensaios não destrutivos*. Dissertação (Mestrado) – Universidade de São Paulo – USP. São Carlos, 2014.

KASHIYANI, B. K.; RAINA, V; PITRODA J; SHAH, B. A study on transparent concrete. *International Journal of Engineering an Innovative Technology (IJEIT)*, v. 2, n. 8, fev. 2013.

LI, V. C.; HERBERT, E. Robust self-healing concrete for sustainable infrastructure. *Journal of Advanced Concrete Technology*, v. 10, n. 6, pp. 207-218, 2012.

MÃOS À OBRA. *Dicas importantes para você construir ou reformar a sua casa*. Disponível em: www.lafarge.com.br/M_OBRA_sem_logo.pdf. Acesso em: 4 jan. 2014.

MÃOS À OBRA PRO. *Guia do profissional da construção*. Disponível em: maosaobra.org.br/videos/. Acesso em: 4 jan. 2014.

MARQUES, A. C. *Concreto auto-adensável: caracterização da evolução das propriedades mecânicas e estudo da sua deformabilidade por solicitações mecânica, retração e fluência*. Tese (Doutorado). Universidade de São Paulo – USP. São Paulo, 2011.

MEHTA, M.; SCARBOROUGH, W.; ARMPRIEST, D. *Building construction: principles, materials & systems*. 2. ed. 2012.

MEHTA, P. K.; MONTEIRO, P. J. M. *Concreto: microestrutura, propriedades e materiais*. 3. ed. São Paulo: Ibracon, 2008.

MINERAÇÃO SANTIAGO. Disponível em: www.mineracaosantiago.com.br. Acesso em: 5 maio 2015.

MOLVEN. Disponível em: https://mediabank.moelven.com/mediaroom.html. Acesso em: 4 maio 2020.

MORAES, K. A. M. *Otimização do uso de adições minerais para a produção de concreto auto-adensável.* Dissertação (Mestrado). Universidade de Pernambuco, Recife, 2010.

NEVILLE, A. M.; BROOKS, J. J. *Tecnologia do concreto.* 2. ed. Porto Alegre: Bookman, 2013.

OLIVEIRA, G. L. *Cross laminated timber (CLT) no Brasil: processo construtivo e desempenho.* Dissertação (Mestrado). Universidade de São Paulo – USP. São Paulo, 2018.

PAIXÃO SILVA, R. *Argamassas com adição de fibras de polipropileno – Estudo do Comportamento Reológico e Mecânico.* Dissertação (Mestrado). Universidade de São Paulo – USP. São Paulo, 2018.

PEREIRA, C. H. A. F. *Contribuição ao estudo da fissuração, da retração e do mecanismo de descolamento do revestimento à base de argamassa.* Tese (Doutorado). Universidade de Brasília – UnB. Brasília, 2007.

PETER, E. *A Milestone in the evolution of wood buildings.* Disponível em: https://www.thinkwood.com/our-projects/wood-innovation-and-design-centre. Acesso em: 20 maio 2020.

RAMOS, D. H. *Avaliação de ensaios não destrutivos aplicados ao concreto armado.* Dissertação (Mestrado). Universidade de São Paulo – USB. São Paulo, 2019.

RIBEIRO, C. C.; PINTO, J. D.; STARLING, T. *Materiais de construção civil.* 3. ed. Belo Horizonte: Editora UFMG, 2011.

RITTER, M. A. *Timber Bridges: design, construction, inspection, and maintenance.* Washington, DC, 1990. Disponível em: https://www.fpl.fs.fed.us/documnts/ misc/em7700_8--entire-publication.pdf. Acesso em: 3 maio 2020.

SILVA, F. G. S. *Proposta de metodologias experimentais auxiliares à especificação e controle das propriedades físico-mecânicas dos revestimentos em argamassas.* Dissertação (Mestrado). Universidade de Brasília – UnB. Brasília, 2006.

SINDUSCON-MG. Sindicato da Indústria da Construção Civil no Estado de Minas Gerais. *Placas Cerâmicas para revestimento (Programa Qualimat Sinduscon-MG).* Belo Horizonte: Sinduscon-MG, 2009.

SNIC – Sindicato Nacional da Indústria do Cimento. *Relatório Anual 2013.* Disponível em: www.snic.org.br/pdf/RelatorioAnual2013final.pdf. Acesso em: 30 mar. 2015.

USDA. *Wood Handbook – Wood as an engineering material. General Technical Report FPL-GTR-190.* Madison, WI: U.S. Department of Agriculture, Forest Service, Forest Products Laboratory. 508 p.

XIAOSONG, S. *et al.* Daylighting performance simulation and analysis of translucent concrete building envelopes. *Renewable Energy*, v. 154, pp. 754-766, 2020.

CRÉDITO DE BANCOS DE IMAGENS LICENCIADAS E BANCOS CREATIVE COMMONS

Para ilustrar o livro, foram obtidas licenças de permissão dos bancos de imagens citados nas legendas das fotos. Além disso, foram utilizadas as seguintes imagens com licença Creative Commons (uso livre permitido):

663HIGHLAND / Wikimedia (Licença Creative Commons). *Horyu-ji11s3200*. Disponível em: https://commons.wikimedia.org/wiki/File:Horyuji11s3200.jpg. Acesso em: 2 maio 2020.

BENGSTON, J. / Flicker (Licença Creative Commons). *Concrete and corrosion on the beach*. Disponível em: www.flickr.com/photos/jonasb/9686732. Acesso em: 10 abr. 2015.

BERNADINI, M. / Wikimedia (Licença Creative Commons). *Aerated autoclaved concrete - detail*. Disponível em: https://commons.wikimedia.org/wiki/File:Horyu-ji11s3200.jpg. Acesso em: 29 ago. 2022.

CEPHAS / WIKIMEDIA (Licença Creative Commons). *Wood bridge Montmorency*. Disponível em: https://commons.wikimedia.org/wiki/File:Wood_bridge_Montmorency.jpg. Acesso em: 3 fev. 2023.

HALPERN, M. / Flicker (Licença Creative Commons). *Brazilwood / Pernambuco / Pau-Brasil Caesalpinia echinata the red wonder timber*. Disponível em: https://www.flickr.com/photos/mauroguanandi/5504421090/in/photostream/. Acesso em: 3 maio 2020.

LUXGINEER / Wikimedia (Licença Creative Commons). *Translucent Concrete*. Disponível em: https://commons.wikimedia.org/wiki/File:LUCEM_Translucent_Concrete.jpg. Acesso em: 25 ago. 2022.

MATHIASKABEL / Wikimedia (Licença Creative Commons). *OSB production*. Disponível em: https://commons.wikimedia.org/wiki/File:OSB_production.jpg. Acesso em: 29 ago. 2022.

MTA / Flicker (Licença Creative Commons). Disponível em: www.flickr.com/photos/mtaphotos/15150045085. Acesso em: 4 jan. 2016.

NINARUNDSVEEN (Licença Creative Commons). Disponível em: https://upload.wikimedia.org/wikipedia/commons/3/30/Mj%C3%B8st%C3%A5rnet.jpg. Acesso em: 4 maio 2020.

RAYMOND, N. / Flicker (Licença Creative Commons). *Golden Gate Bridge*. Disponível em: www.flickr.com/photos/82955120@N05. Acesso em: 5 maio 2015.

SMITH, J. / Wikimedia (Licença Creative Commons). *Ironbridge002*. Disponível em: https://commons.wikimedia.org/wiki/File:Ironbridge002.JPG. Acesso em: 25 maio 2015.

TASHKOSKIM / Wikimedia (Licença Creative Commons). *Piece of clinker.* Disponível em: https://commons.wikimedia.org/wiki/File:Piece_of_clinker.JPG. Acesso em: 4 maio 2020.

TULA, L. S. *Contribuição ao estudo da resistência à corrosão de armaduras de aço inoxidável.* Tese (Doutorado). Universidade de São Paulo – USP. 259 p. São Paulo, 2000.

U.S. NAVY / Wikimedia (Licença Creative Commons). *A Seabee with U.S. Naval Mobile Construction Battalion (NMCB) 1, Task Force Sierra, waters a freshly laid pad of concrete to aid the curing process.* Disponível em: https://commons.wikimedia.org/wiki/File:US_Navy_080107-N-7367K-008_A_Seabee_assigned_to_Naval_Mobile_Construction_Battalion_(NMCB)_1,_Task_Force_Sierra,_waters_a_freshly_laid_pad_of_concrete_to_aid_the_curing_process.jpg. Acesso em: 30 mar. 2015.

VEGUÍN, T. / Wikimedia (Licença Creative Commons). *Calcined dolostone.* Disponível em: https://commons.wikimedia.org/wiki/File:Dolom%C3%ADa_calcinada.jpg. Acesso em: 21 maio 2020.

VIEIRA, D. / Wikimedia (Licença Creative Commons). *Amostra de canga de minério de ferro.* Disponível em: https://commons.wikimedia.org/wiki/File:Amostra_de_canga_de_minerio_de_ferro.jpg. Acesso em: 20 maio 2020.

ZAGO, S. C. *Estudo da cristalinidade da escória de aciaria nas propriedades físico-químicas do cimento Portland CPIII.* Dissertação (Mestrado). Universidade de São Paulo – USP. Lorena, 2015.

ZAMPIERE, V. A. *Cimento Portland aditivado com pozolanas de argilas calcinadas: fabricação, hidratação e desempenho mecânico.* Tese (Doutorado). Universidade de São Paulo – USP. São Paulo, 1993.

Impressão e Acabamento
Bartiragráfica
(011) 4393-2911